浮世的小园

中国士人的园林生活

李刚　著

江苏大学出版社
JIANGSU UNIVERSITY PRESS
镇江

图书在版编目(CIP)数据

浮世的小园：中国士人的园林生活 / 李刚著. —镇江：江苏大学出版社,2018. 12
ISBN 978-7-5684-1062-5

Ⅰ.①浮… Ⅱ.①李… Ⅲ.①士-文化研究-中国-古代 ②园林艺术-文化研究-中国 Ⅳ.①D691.2 ②TU986.62

中国版本图书馆 CIP 数据核字(2018)第 301161 号

浮世的小园：中国士人的园林生活
Fushi de Xiaoyuan：Zhongguo Shiren de Yuanlin Shenghuo

著　　者/李　刚
责任编辑/汪　勇
出版发行/江苏大学出版社
地　　址/江苏省镇江市梦溪园巷 30 号(邮编：212003)
电　　话/0511-84446464(传真)
网　　址/http://press. ujs. edu. cn
排　　版/镇江文苑制版印刷有限责任公司
印　　刷/广东虎彩云印刷有限公司
开　　本/718 mm×1 000 mm　1/16
印　　张/9. 75
字　　数/157 千字
版　　次/2018 年 12 月第 1 版　2018 年 12 月第 1 次印刷
书　　号/ISBN 978-7-5684-1062-5
定　　价/42. 00 元

如有印装质量问题请与本社营销部联系(电话:0511-84440882)

自　序

浮云苍狗，世事无常，故有浮生若梦之感。能在浮世中拥有一个属于自己的小园，几乎是所有人的梦想。读者如若游览拙著，应该能领会书名之用意。本书为笔者长期从事江南古典园林调研和教学的结果，因此书中各个章节的语调与规范稍有不同，还望观者海涵。

江南地区古典园林资源极其丰富，为我们的研究提供了诸多便利。通过调研，我们发现尽管大多数的古典园林已经成为宝贵的文化，但其开发利用往往仅限于作为旅游热门地点而存在，好多“养在深闺人未识”的园子甚至连旅游观赏的功能都没有发挥出来。在高度城市化的江南地区，古典园林显得十分落寞，尤其在现代高楼大厦的遮蔽下更显时空穿越的荒诞感。每个古典园林都有动人而丰富的往事，可是人们爱她，却又很难懂她，让人爱之怜之犹觉不够，竟不知道如何去守护她，想真正为这些孤独的园子做点什么，就是本书最主要的出版动机。

江南园林主要为明清文人士大夫的私宅遗存。江南何在？尽在这些名士才子的千古风流中，通过其传世的诗书画印可以见到当年的风采，通过其栖居过的园子自然也可以。园因人贵，人因园显。好在这些留存的名园，虽在岁月的沧桑中多有变迁，但至今仍保持其昔日的大体模样。笔者以为自身的研究水平极其有限，较之园林大家的研究更是相去甚远，但仍期望自己关于园林的调研和教学能为古典园林的守护和相关研究添砖加瓦。若能如此，善莫大焉。

是为序。

2018 年 10 月 20 日

目　录

园林往事

金谷园雅集

金谷园一直是文人画家热衷的题材。金谷园是西晋时期名流石崇的私家园林，位于洛阳西北郊的金谷涧中。石崇以与王恺斗富而著称，生活奢华糜烂。石崇与陆机、潘岳、陆云、刘琨、欧阳建、左思、挚虞、杜育等二十四人组成的集团号称“二十四友”。“二十四友”是继“竹林七贤”之后的又一个重要文士团体，他们常聚集在石崇的金谷园中谈论风雅、吟诗作赋。其中可考且最为著名的当属元康六年（296）的金谷园雅集（见图 1-1）。

图 1-1　清　华嵒《金谷园图》　上海博物馆藏

因送别好友王诩归还长安

而举行的此次青史留名的雅集中，参加者多达 30 人，赋诗者有 27 人。他们“昼夜游宴，屡迁其坐”，或者登高临下，或者列坐水滨。乐器合鸣，载歌载行。关于金谷园的样貌，我们可以由石崇的《金谷诗序》有所了解：“有别庐在河南县界金谷涧中，或高或下，有清泉茂林，众果竹柏、药草之属，莫不必备。又有水碓、鱼池、土窟，其为娱目欢心之物备矣”。该序又提及金谷园“有田十顷，羊二百口。鸡猪鹅鸭之类莫不必备”。石崇诗序里一而再地介绍着金谷园中所有之物，洋溢着金谷园主人的富足与自负。据载，金谷园的厕所装饰得富丽堂皇，十余名婢女着新衣、花枝招展地进行服侍，有人甚至以为错进了卧室；请客时又让美人劝酒，若客人饮酒不尽，便杀掉美人……对物欲的占有和炫耀意识充斥在雅集参与者的迎来送往、吟诗唱和之间。为了让后来的“好事者”铭记此次雅集，并方便识别雅集参加者的身份和地位，诗序又“具列时人官号、姓名、年纪，又写诗著后”。西晋名门的豪奢风气，对名望和物质享乐的狂热爱好，可见一斑。

此次雅集的陪伴人员中想必定有那位引得唐代众多诗人留文凭吊的歌伎——绿珠。绿珠美而艳，善吹笛。“八王之乱”前期，一度专权的赵王司马伦的嬖臣孙秀垂涎绿珠，数次向石崇求之，石崇不许。孙秀后来矫诏包围起金谷园，强行索取绿珠。绿珠遂“效死于官前”，投于楼下而死。石崇亦被杀害。金谷园由此走向衰败，所谓：“繁华事散逐香尘，流水无情草自春。日暮东风怨啼鸟，落花犹似坠楼人。”

当然，西晋文士的思想精神受魏晋玄学及汉末隐逸思潮的影响，石崇也不例外。以老庄思想为根基的隐逸文化为西晋文士铺就一条心灵栖居之路。最终石崇也开始以审美的眼光和强烈的生命意识来观赏他的金谷园了。他在《金谷诗序》写道：“感性命之不永，惧凋落之无期。”在《思归引》中写道：“望我旧馆兮心悦康，清渠激，鱼彷徨，雁惊溯波群相将，终日周览乐无方”“惟金石兮幽且清，林郁茂兮芳草盈。玄泉流兮萦丘阜，阁馆萧寥兮阴丛柳”“超逍遥兮绝尘埃，福亦不至兮祸不来”。在这种超越自然美的审美视野下，他开始追求一种超越性的人生体验。对生命倏忽易逝的无力和恐惧感，使西晋文士展开对生命价值的沉思和探索，形成了普遍意义上对待生命的策略。正如罗宗强先生所说："如果给此时士人一个简单的评论的话，那便是入世太深。他们在风姿神态上潇洒风流，为千古之美谈；而他们的心灵，却是非常世俗的。"①

李白和梁园

梁园又称梁苑，为西汉梁孝王刘武在其都城睢阳修建的皇家园林。刘武因平定"七王之乱"有功，得到丰厚赏赐，便在梁国都城睢阳大肆营造。《史记》载："孝王筑东苑，方三百余里，广睢阳城七十里，大治宫室，为复道，自宫连属平台三十里。"葛洪《西京杂记》云："梁孝王苑中有落猿岩、栖龙岫、雁池、鹤州、凫岛，诸宫观相连，奇果佳树，瑰禽异兽，靡不毕备。"梁苑的恢宏状况甚至超过了汉景帝修建的上林苑，在礼制上有僭越嫌疑。梁孝王刘武在这里提倡文学，广招天下文士，一时枚乘、邹阳、庄忌、司马相如等文学家云集梁苑。他们在梁苑中与梁孝王吟诗作赋，吹弹歌舞。鲁迅先生在《汉文学史纲要》中称："天下文学之盛，当时盖未有如梁者也。"梁孝王刘武的"三百里梁园"为当时的文人墨客提供了一片驰骋怀抱的理想园地。

大约在唐天宝三载（744）五月，"赐金放还"后的李白来到了这里，与杜甫相约同游这片梁宋故园。他们又遇上了客居这里多年的高适。三人都才情卓越，诗名远著，但又都怀才不遇，遭遇坎坷。他们同病相怜，志趣相投，在酒楼中开怀畅饮，畅叙友情，疏解苦闷。他们登上睢阳城中的文雅台和东边的平台，一面凭吊梁苑古迹，追忆梁孝王嘉奖文士的那个美好时代；一面又远望芒砀烟波，遥想汉高祖刘邦当年芒砀山斩蛇起义的壮举。

据说，在梁园里李白还邂逅了他的第三段姻缘。李白与杜甫、高适在梁园游玩散心，三人把酒言欢。李白不胜酒力，微醺时诗兴大发，挥笔即在墙壁上泼墨弄文，留下了那首著名的诗作《梁园吟》：

---

① 罗宗强：《魏晋南北朝文学思想史》，北京：中华书局，1996 年，第 84 页。

我浮黄云去京阙，挂席欲进波连山。天长水阔厌远涉，访古始及平台间。平台为客忧思多，对酒遂作梁园歌。却忆蓬池阮公咏，因吟渌水扬洪波。洪波浩荡迷旧国，路远西归安可得。人生达命岂暇愁，且饮美酒登高楼。平头奴子摇大扇，五月不热疑清秋。玉盘杨梅为君设，吴盐如花皎白雪。持盐把酒但饮之，莫学夷齐事高洁。昔人豪贵信陵君，今人耕种信陵坟。荒城虚照碧山月，古木尽入苍梧云。梁王宫阙今安在，枚马先归不相待。舞影歌声散绿池，空馀汴水东流海。沉吟此事泪满衣，黄金买醉未能归。连呼五白行六博，分曹赌酒酣驰辉。歌且谣，意方远，东山高卧时起来，欲济苍生未应晚。

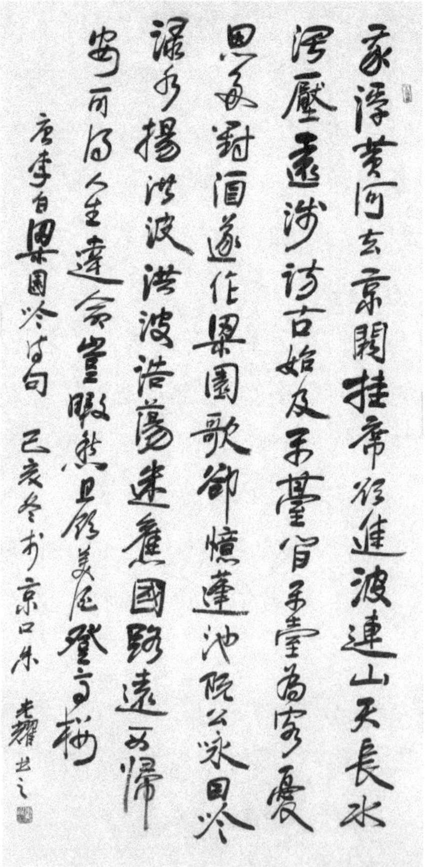

图 1-2　书法《梁园吟》诗句

辞藻精湛，书法飘逸，前来游园的宗家小姐深深被这幅作品吸引。看园子的人却嫌这首诗作弄脏了墙壁，前来粉刷。为了阻止“偶像”的作品被毁坏，最后宗小姐挥金千两，买下了这面墙。之后，宗氏即为李白终娶之妻。宗氏居住在梁园，二人感情甚好。这大概也许就是李白“一朝去京国，十载客梁园”的主要原因了吧。

《梁园吟》也成为李白的另一代表作品（见图 1-2）。借由对梁园的吟诵，李白抒发着今非昔比的感伤，并隐含着对唐王朝衰落的隐隐担忧。“梁园虽好，不是久恋之家。”西汉时，司马相如客居梁园时不经意的一句话，放在此时，依旧适用。

沈园的悲欢

沈园原为南宋越中名门沈氏的私家花园，“在府城禹迹寺南会稽地，宋时池台极盛”。建成后不久，沈园便成为江南名胜之地，文人云集。与陆游同时代的诗人赵蕃，就有诗作《步沈园》：

> 黄菊花残白菊花，孟冬风日亦云佳。
> 晚来忽有寻诗兴，送尽投林万点鸦。

历史上，绍兴地区名园甚多，时至今日，大都湮灭在了历史的烟云之中。唯有沈园历经八百余年风云，风采依然。许是由于它是陆游与唐琬凄苦爱情故事的见证，引得无数后人为之动容。在风云变幻、朝代更迭之中，这一主题却牢牢地嵌在文士名流与布衣百姓的心中，凝聚为沈园独具风流的文化内涵。

陆游生活的年代正值中原沦陷，南宋朝廷偏安江左，民族矛盾空前严重。陆家为越中一大家族，但时值金人南侵，幼年时的陆游不得不随家人四处逃难。其间，陆家与其母舅唐诚一家交往甚多。唐诚有一女儿，名叫唐琬。唐琬文静灵秀，善解人意，与陆游青梅竹马、情投意合。

陆游少年才俊，才情横溢；唐琬饱读诗书，秀外慧中。两家都认为二人是天作之合。于是陆家以一只精美无比的家传凤钗作为信物，与唐家订下了这门婚事。大约1144年，弱冠之年的陆游和表妹唐琬成婚。婚后二人琴瑟和谐，情爱弥深。但不幸的是，婚后三年唐琬未有生育，加之陆游对于科举入仕没有上进心，这一切都引起了陆母对唐琬的不满，认为是唐琬耽误了自己儿子的前程。遂强令陆游休书一封，将唐琬抛弃。这情形与《孔雀东南飞》所述故事无异。

在那个封建礼教森严的时代，陆游无法反抗。他表面上答应将唐琬送归娘家，背后却另筑别院，悄悄安置唐琬。得知此事后的陆母更加恼怒，严令二人断绝往来，并为陆游另娶一位温顺本分的王氏女为妻。而唐琬也在家人主张下嫁给了同郡士人赵士程。赵家系皇族后裔，门庭显赫，赵士程本人亦宽厚重情，开明通达，对唐琬表现出同情与谅解。而陆、唐二人则从此音讯隔绝。

在母亲的督教下，陆游重理科举课业，终于在29岁那年前往临安参加“锁厅试”，以学识和才气博得了考官陆阜的赏识，被荐为魁首。但不幸的是，同科应试获取第二名的恰是当朝宰相秦桧之孙秦埙，加之陆游又不忘国耻，“喜论恢复”，于是受到秦桧忌恨。在第二年春天的礼部会试时，秦桧借故将陆游的试卷剔除。礼部会试失利后，陆游回到家乡，或在青山绿水和野林萧寺中排遣愁绪，或者出入酒肆、把酒吟诗，又或浪迹街市、痛声高歌，过着悠游无定的生活。

绍兴二十年（1151），陆游再次来到沈园。这天是三月初五，相传是大禹的生日。这天里山阴人会倾城出动，交游禹庙。27岁的陆游独自来到禹迹寺南的沈氏花园。也许是造化弄人，竟然巧遇了阔别经年的唐琬。唐琬与赵士程正在这里游春。一别数年，男娶女嫁，天各一方，偶然重逢，又惊又喜，又愁又怨。唐琬忍泪含悲，遣人送酒致意。陆游看到唐琬憔悴的容颜，隐含忧愁的神态，泣血摧心，酒入愁肠，如醉如痴，提笔在园壁上题写了一首《钗头凤》词：

> 红酥手，黄藤酒，满城春色宫墙柳。东风恶，欢情薄，一怀愁绪，几年离索。错，错，错！
>
> 春如旧，人空瘦。泪痕红浥鲛绡透。桃花落，闲池阁，山盟虽在，锦书难托。莫，莫，莫！

数年相思苦与泪，再见时亦只能是朋友。这对于陆游来说，是如何的一种苦痛！虽说自已爱如坚石，情深似海，但是，这样一片赤诚的心意，又如何表达呢？明明在爱，却又不能去爱；明明不能去爱，却又无法割断这丝丝缕缕的情丝。刹那间，爱恨交错，悔怨纠结。春依旧，人空瘦，陆游的内疚、怜悯、爱恋之情溢上眉间，却又被压在心底。这真是一种百感交集、万箭穿心，又难以名状的悲哀，只能发出“错，错，错”和“莫，莫，莫”的先后两次感叹。真是荡气回肠，大有拗不忍言、拗不能言的情致。

唐琬是一个极重情谊的女子，与陆游的爱情本是十分完美的结合，却毁于世俗的风雨中。赵士程虽然重新给了她感情的抚慰，但毕竟曾经沧海难为水，与陆游的那份刻骨铭心的情缘始终留在她情感世界的最深处。据说，就在沈园相会的第二年，无法摆脱相思之苦的唐琬再一次来到沈园，她期待着能够与陆游再一次相遇。但是，望断秋水，也不见陆游的身影。当她看到了陆游在壁上的题词后，其心再难以平静。追忆似水的往昔，叹惜无奈的世事，使她日臻憔悴，抑郁成疾，在秋意萧瑟的时节化作一片落叶悄悄随风逝去。当年的她，曾在墙上含泪和了一首《钗头凤》，用来回应一年前陆游为她的题写：

世情薄，人情恶，雨送黄昏花易落。晓风干，泪痕残，欲笺心事，独语斜阑。难、难、难！

人成各，今非昨，病魂常似秋千索。角声寒，夜阑珊，怕人寻问，咽泪装欢。瞒、瞒、瞒！

这两首《钗头凤》，可谓字字血、句句泪，成了千古绝唱，也成就了陆游和唐琬感天动地的爱情故事。题完这首词不久，唐琬就在忧郁中去世了。当陆游匆匆赶到时，一切为时已晚……只有那多情的《钗头凤》，令后人为之唏嘘！

从此沈园也成了陆游的伤心断肠之地。每游沈园甚至是梦游，都会有伤心断肠的哀曲从陆游的心底流出。即便在 84 岁高龄步入沈园时，陆游仍难以释怀一声长叹：

路近城南已怕行，沈家园里更伤情。

香穿客袖梅花在，绿蘸寺桥春水生。

正是因为陆游的这些感人至深、催人泪下的诗篇，才使沈园久负盛名，使沈园不仅成为人们怀念诗人的纪念地，也成为人们对执着爱情憧憬与希冀的安放之所。

文徵明与拙政园

明代园林在中国园林发展历史中占有重要地位。明代也是文人画家参与园林建造的重要时期。文徵明等画家把写意性的绘画精神融入园林建设当中，大大增强了园林中的意境美，这种意境美在拙政园中表现得尤为明显。

拙政园是我国四大名园之一，也是苏州现存最大的私家园林，占地约78亩。拙政园始建于明正德四年（1509），为明代弘治年间进士王献臣弃官回乡后，在唐代陆龟蒙宅地及元大弘寺旧址处拓建而成。

据文献记载，王献臣人品德操“不阿法，抗中贵”。其人博学多才，好风雅，与当时吴中诸名士有着真挚的友谊，如沈周、唐寅、文徵明、王宠、徐祯卿等，尤其与文徵明过从甚密。文徵明对他也极为推崇，在《甫田集》中曾说，时人称许王献臣为“奇士”，并有题《王侍御敬止所藏仲穆马图》一诗：“荦荦才情与世疏，等闲零落傍江湖。不应泛驾终难用，闲看王孙骏马图。”可见，文徵明对王献臣的才情颇为欣赏，对其仕途遭遇也表示惋惜。就二人关系来看，文徵明的一首诗记载了他们的深厚友情：“宿雨初收杜若洲，新波堪载木兰舟。不嫌频涉山塘路，辛苦还家为虎丘。家居临顿挹高风，更着扁舟引钓筒。自笑我非皮袭美，也来相伴陆龟蒙。”文氏以陆龟蒙比喻王献臣，二人屡屡徜徉于拙政园中，吟诗作画，酬唱答谢，可谓知己。

公元1533年，文徵明在玉磬山庄完成了《拙政园三十一景图》的创作（见图1-3、图1-4、图1-5），同时还题写了一篇《王氏拙政园记》，这为后人了解该园初建时的概貌提供了第一手资料。《王氏拙政园记》详细记载了当时园中的建筑和景点的大体分布情况，以及树木花卉的种植情况：“凡为涧一，为亭六，轩，槛，池，台，坞，涧之属二十有三，总三十有一”，还有“美竹千挺”，“柑橘数十本”，“江梅百株”，“果林弥望”，中心水面“望若湖波”。可见拙政园范围之大，景致之宽广，真乃“信有山林在市城”也！

图 1-3　明　文徵明《拙政园三十一景图》——芭蕉槛

《拙政园三十一景图》通过图像叙事向观者细细诉说拙政园的景致与特征，如繁香坞、小飞虹、志清处、钓矶、待霜亭、怡颜处、珍李坂、桃花沜、槐雨亭、竹涧、玉泉、若墅堂、芙蓉隈、柳隩、水花池、听松风处、来禽囿、玫瑰柴、湘筠坞、尔耳轩、瑶圃、倚玉轩、小沧浪、意远台、深静亭、梦隐楼、得真亭、蔷薇径、槐幄、芭蕉槛、嘉实亭。该图用笔沉稳谨细，但又不刻板描摹，其中大量的场景采用偏角构图的绘画风格。树木、苔点、亭台、曲径等的勾勒点染，不乏写意之趣。陈传席先生曾写道：“文徵明的细笔作品，用笔细谨，树石穿插勾写，皆一丝不苟，无一笔随意，自成一种工秀清苍的风格，这是文徵明细笔画的突出特征。”吴门画派到文徵明时，在绘画技法和绘画题材上都有很多的尝试和创新。特别是文徵明，笔墨清润秀丽，平中有奇，效仿者很难

图 1-4　明　文徵明《拙政园三十一景图》——来禽囿

图 1-5　明　文徵明《拙政园三十一景》——钓矶

与之比肩。《拙政园三十一景图》就是这样的一件作品。

文徵明的主要艺术成就在诗书画艺术领域，应王献臣之邀参与设计拙政园，便在中国造园史上也占有一席之地。文徵明主持设计的拙政园立意深远，以水为主、疏朗典雅的园林风格延续至今。拙政园建造时的总体思路可概括为因地制宜、顺乎自然。拙政园本是一块低洼之地，排水不畅，并非造园的理想之地。但文徵明并没有对此大加改造，反而借水造景，通过“水”将三十一景巧妙联结。《王氏拙政园记》记载，三十一景中约有三分之二景观取自于植物题材。很多植物只是普通的花木品种，不同的花木互相搭配组合，与园内的建筑、景观、地形相映成趣，仿佛画中之境。

明末著名造园家计成曾说“巧于因借，贵在体宜”。造园要利用原有的自然条件和因素，善于借景，并又顺应地势去设计建造，以至“虽由人作，宛自天开”之境。虽然园林景观是人为而成，但园林的建造契合园主人及设计者的人生体验和终极关怀，这种人为的痕迹淹没于景观之中，一树一石都被赋予了一种人文美学。文徵明的造园思想更加彰显知识分子的精神追求，赋予园林以个性化的人生理想和价值观。文徵明虽然不是专业的造园家，但他对拙政园的构想却与后代造园家的造园思想不谋而合。

居巢、居廉兄弟的十香园

十香园为清末著名画家居巢、居廉兄弟居住、作画及授徒之所，位于广州市海珠区隔山村，在清末又被称为“隔山草堂”。大约公元 1856 年，居巢、居廉自东莞返回祖居地番禺河南隔山乡，开始了在仅640平方米的土地上营建自己的理想化居所之旅。居巢、居廉兄弟曾多次应张敬修及其侄张嘉谟的邀请，同赴东莞，在张敬修的可园和张嘉谟的道生园中断续客居多年。十香园的建造与布局明显受到二园的影响。

十香园依广州二十四景中的瑶溪而建，四周以青砖砌墙围成小院，是一座典型的岭南庭院式民居建筑。十香园的规模并不大，园中既无亭台楼阁，也无池塘舞榭，但环境却十分清幽。园里“太湖石、蜡石及奇花异草，错置其中”。园主人为了方便进行花鸟写生，在园内种植了珠兰、鹰爪、夜合、瑞香、白兰、夜来香、素馨、茉莉、含笑、鱼子兰等十多种香花，故而得名“十香园”。

居巢一生的大部分时间都是在外乡度过的。同治三年（1864）张敬修在可园病卒后，居氏兄弟回归故里，次年居巢病卒于隔山乡。居巢诗画皆有盛名，《番禺县续志》云其有诗：

> 空山无人，落叶如雨。抱琴独来，静与秋语。脱然蹊径，深林徐步。微闻斧声，樵子何处？谿云半销，忽见疏树。孤鹤在旁，聆此佳句①。

可见其高蹈的襟怀与不沾俗韵的艺术意境。

十香园中的今夕庵原为居巢的作画室、起居室。居巢去世后，居廉在此诵经参禅。十香园中的啸月琴馆，则为居廉作画的地方，据说是因居廉在此偶然获得一把珍贵的啸月琴而得名。紫梨花馆是居廉授徒的地方，与啸月琴馆同处园南。园北亦有二室，为居廉授徒之所，一为客厅，一为吉祥花馆。

居巢、居廉在近代南粤画坛上并称“二居”，他们开创了“隔山画派”。为真实地再现大自然中的真实性，居巢、居廉二人从岭南文化特有的

① 陈滢：《岭南花鸟画流变》，上海：上海古籍出版社，2004年，第307-308页。

细腻、写实的审美习惯出发，在实践中把握事物的特征，并在前人没骨法的基础上，创造出自成一格的“撞粉”“撞水”技法。居巢、居廉的绘画题材多以花鸟鱼虫为主，并将晚清岭南的社会风俗、市井人情融合到作品当中，展现着鲜活的岭南风情。

居廉自1865年起在十香园开馆授徒，开近代美术教育之先河。在随后的近40年间，居廉很少远足，他在十香园中一边教学，一边创作。桃李之盛，冠绝岭南。光绪十三年（1887）时，符翕在《居古泉先生六秩寿序》中便已称十香园“历年授弟子三十余人”；李建儿在《广东两画人——黎简与居廉》中记载先后曾有五六十人在十香园向居廉学习。据说清末民初时期的广东学校图画教员也多数曾在十香园求学。

在十香园培养的大批美术人才中，以高剑父、陈树人等最为出色。他们在十香园中受到了启蒙教学，并开创了“岭南画派”，其众多入室弟子及再传弟子都名噪一时。所以说，十香园是“岭南画派”发源之地，是“岭南画派”的摇篮。十香园的开馆授徒为“岭南画派”的形成创造了“丰沃的土壤”。二居开创的“撞水”“撞粉”技法被后来者沿袭至今，二居、二高一陈（高剑父、高奇峰、陈树人）富于创新的艺术精神也使得“岭南画派”开一时风气之先河，在中国画坛风骚一时（见图1-6、图1-7、图1-8）。

图1-6　清　居廉《花卉奇石册》十二开　其一

图 1-7　清　居廉《花卉奇石册》十二开　其二

图 1-8　清　居巢《岁朝清供图》，绢本设色

破败的真实

——由丹徒王家花园说起

走过一条狭窄的乡村公路来到镇江谏壁的王家花园，有点像穿越诗人戴望舒的“雨巷”：

到了颓圮的篱墙
走尽这雨巷……

王家花园原名“爱吾庐”，建于 1930 年，原址在秦家村。清代咸丰年间因遭兵乱，原秦姓庐舍被焚毁，王家后人于民国十八年（1929）买下秦家地基。王耀宇①所建“爱吾庐”用去原地基面积的一半；东面的另一半至尤家沟边，其兄王锡孚准备建一幢与“爱吾庐”同样的住宅，但后来因为日本侵华战争而未能如愿。王家花园为王耀宇的私宅，主体建筑规模宏大，呈现出典型的徽派与西洋建筑的融合特征。身居上海的十里洋场，主人自然对当时带有西洋风格的时尚元素十分熟稔，故而在雕梁画栋的徽派砖木构件及传统园林常见的假山、亭台、竹园、荷池间，总在不经意地

① 王家花园的主人王耀宇少年时经友人荐举在丹阳一钱庄当学徒，三年满师后到上海金融界任职，后独股开设隆昌钱庄，自任经理，成为上海金融界的风云人物。

透出“见过世面”的洋气。

只是如今的王家花园早已破败不堪，砖木结构的建筑随时都有坍塌的可能，然整体布局及当年的气派犹存。据谏壁月湖村的居民介绍，王家花园里很多文物都在过去遭到了破坏，之后逐渐荒芜，虽然在1999年被列为市级文保单位（见图2-1），但由于缺乏有效的管理，近些年来王家花园被损坏的近况难有改观。就在2014年9月，王家花园的24扇屏风被洗劫一空。

图 2-1　镇江市文物保护单位碑——王家花园（摄影：谭天奕）

王家花园的建筑材料来源颇为有趣，除砖瓦、石灰、部分木材在本地购置外，其他绝大部分材料都在上海购置。王耀宇将在上海购买的钱业公所旧房的建筑材料拆卸后经长江水运至镇江，再原套装配，这样既省工省料，又保持了原有的气派，最后又在此之上进行修饰。真不愧是精明的生意人！

王家花园建筑面积近4000平方米，由11个部分组成，有房屋“九十九间半”之说。王家花园为砖木结构，设计周密，构造精致，内部形状独特而美观。尤其前厅楼大门的门楼和仪门外墙，造型奇观，富有古雅色彩，分别雕刻着福、禄、寿三星及梅、兰、竹、菊四季花草（见图2-2）。门楣与墙沿装饰别具匠心，刻有不同的图案和题字。天井下方铺有平板麻石，室内雕梁画栋，装饰得富丽堂皇。

王家花园中有很多装饰上的细节耐人寻味。得幸于小偷没有“垂怜”这些雕花窗户，人们才有机会一睹原容。如现今作为工具房使用的房间的窗户，雕刻之精细令人钦佩，其他房间窗户之装饰精美可想而知（见图2-3）。正厅的窗户采用的是贝壳装饰（见图2-4、图2-5），这种大的海

图 2-2　前厅大门、门楼，门楼上雕刻有“树德润身”四字和牡丹花的图案（摄影：谭天奕）

贝可能是来自上海或者其他海滨。偏厅几乎所有的窗户都用上了这种彩贝点缀。从此，人们仿佛可以窥见王家花园当年之奢华。在平民百姓还在为温饱而担忧时，王家人却在发愁如何才能把“爱吾庐”建造得更加匹配其上流阶层的社会地位。

图 2-3　现存的雕花窗户
（摄影：谭天奕）

图 2-4　贝壳装饰的窗户
（摄影：谭天奕）

图 2-5　装饰贝壳的细节
（摄影：谭天奕）

西花园（见图 2-6）是王家花园这栋建筑里曾经的一处小花园。即使它只剩下最后的框架，人们仍然能看出其昔日的美丽。从花园石柱上的雕刻可以看出，这是一处西洋式的小花园。园林的核心必然也是花草树木与屋舍的和谐统一，是另一层意义的“林”。盆景也是园林中不可或缺的核心元素，“咫尺内能瞻万里天地，方寸中可辨千寻美景”。王家花园的西花园里还残存着这样一处景观（见图 2-7）。盆景内存活的枇杷或许已非当初之物，少了精心的打理，方寸的空间竟然没有限制它的自然生长，丝毫未见些许颓败气息。

图 2-6　西花园的残垣断壁（摄影：谭天奕）

图 2-7　园内的盆景（摄影：谭天奕）

似乎每个名园均有代表性的树木见证着园子的兴衰更替，断壁残垣间残存的古木总给人惊艳之感。苏州网师园里有古柏树，参天屹立，枯枝枯得嶙峋淡然，荣枝荣得苍润华滋。学者冷成金在《中国文学的历史

图 2-8　两人合抱之粗的广玉兰树（摄影：谭天奕）

与审美》中有这样一段感触：1999 年的春天他在韩国西海岸的植物保护区第一次见到与牡丹争艳的“高二丈”的耐冬树时，“震撼之感不异触电”。尤其是当他联想到《聊斋志异》中《香玉》篇“崂山下清宫，耐冬高二丈，大数十围，牡丹高丈余，花时璀璨似锦”的描述时，更是倍感激动，泪流满面①。西花园中有一株两人合抱之粗的广玉兰树，这棵广玉兰树是建园时移栽而来的，它从幼苗变成古树，见证了王家花园的成败衰荣（见图 2-8、图 2-9）。但它的生命轨迹却与王家花园截然不同。王家花园早已人去楼空，只剩下颓圮，而这棵繁茂的广玉兰却一直在等待着昔日的主人归来。当我们在王家花园中看到这棵广玉兰时，它给我们造成的心理震撼感正和冷先生当初感觉的一模一样。命运似乎从最开始就决定了事物发展的不同走向，故人难归，广玉兰成了王家花园“破败”的见证者。

① 冷成金：《中国文学的历史与审美》，北京：中国人民大学出版社，2012 年，第 440 页。

图 2-9　人去楼空的王家花园 1（摄影：谭天奕）

王家花园也曾发挥过更加重要的历史作用。江苏省立江苏学院于 1948 年 10 月初从徐州迁到王家花园开学。1949 年 1 月，淮海战役结束，解放大军迅速南下，院长徐镇南迁院至上海。1949 年 5 月底，在南京起义的国民党第二舰队部分官兵来到王家花园，组建解放军华东海军炮艇大队。王家花园成为解放军华东海军炮艇大队的驻地，也成为我军最早培训海军人才的基地。如今在王家花园的房间内还随处可见革命时的宣传口语（见图 2-10）。

图 2-10　人去楼空的王家花园 2（摄影：谭天奕）

尽管如此，时至今日，它似乎被人遗忘于月湖村一隅，被世人丢弃在乡间田野。

在“假的比真的还要真的”仿真时代，王家花园这种废园荒斋的颓废气息似乎更有真实感。历史上，园林的建造者非富即贵，然结局总是人去园空：

眼见他起高楼，眼见他宴宾客，眼见他楼塌了。

我们所熟知的这些园林，不仅是私家住宅，也是文人们交友的重要场所。私家园林极少会历经千百年历史而不衰败，这除与建筑物的自然寿命有关外，其兴衰之变与园主的政治际遇紧密相关。私家园林总是以一种无序状态消涨于城市的空间之中（见图 2-11、图 2-12、图 2-13）。

图 2-11　人去楼空的王家花园 3（摄影：谭天奕）

图 2-12　王家花园破败的门楼（摄影：谭天奕）

图 2-13　破败与真实之间的门洞（摄影：谭天奕）

正如王家花园一样，苏州园林的破败似乎也在意料之中。作为世界上拥有园林最多的城市，苏州究竟有多少历史园林，我们已不得而知。但中华人民共和国成立后，对苏州园林的多次普查数据让人触目惊心：1959 年存有 91 处，1982 年存有 69 处，2013 年年底仅存 53 处。50 多年间，苏州园林竟然消失了 38 处。园林因人而兴，也因人而废。人说富不过三代，每一座被保留下来的历史园林都曾几经易主，其面目也被反复涂抹，甚至上百座私家园林被多户拆分，更是难逃衰败之运。一座占地两三亩的园林，其山石、水系、花木、建筑等日常养护，如果无人投入大量的时间和财力，只能任其自生自灭，所以能够保留到现在的私家园林寥寥无几。

19 世纪，苏州众多私家园林可以说是“养在深闺人未识”。随着豪门世家衰落，园林也就渐渐荒芜。到了中华人民共和国成立初期，保存较为完好的只有耦园等少数几个园林，后来列入世界文化遗产的“四大名园”都面目全非。在历史的动荡中，园林一个个地慢慢衰败，消失于历史长河之中。但是对于破败的园林而言，人去楼空、残垣断壁更加给人一种真实感。也许，只有在这些颓圮之中，才能触碰到曾经属于它的无限生机！

园林如画

画中园林

传统画家多乐于以园林入画。由古代传世绘画作品来梳理江南地区的私家园林主要有两方面原因：一方面是绘画作品虽然描绘的是旧事风貌，但画家本人一般会为过去的故事场景配上自己所熟悉的当朝风物，因此从相关的传世绘画作品中，我们依然可以看出与画家同一时期或更早时期的私家园林营造信息；另一方面在带有赞助性质的园林绘画中，画家多要依据或是揣摩园林主人的心理，将私家园林尽量真实地再现出来。园林既是主人思想、身份、审美的表征，也是其学识、心迹的载体，尤其对存在“优游之愿”的岩穴高士更是如此。

“归隐”一词早在先秦时代便有文献述及。魏晋南北朝时期归隐之风盛行，此与当时的社会、政治环境有着紧密联系。现实中的社会腐败，使得一些士人归隐林间园野，放弃了所崇拜的儒家思想，转向随遇而安的道家思想，“越名教而任自然”，回归山水田园，从自然之中求得心灵的解脱。因此，山林、湖泊、长廊、榆柳等物象便成了他们精神的栖居之物。同时，这也成为古代绘画创作的重要题材。如今传世的某些园林绘画所透露的思想、情感信息虽是多元、复杂的，却能看出主人的归隐心迹。本书将以南唐卫贤的《高士图》与清代华嵒的《高斋赏菊图》为例予以阐述。

《高士图》为南唐画院画家卫贤所绘（见图 3-1、图 3-2）。卫贤，长安（今西安人），为避战乱而南下金陵，遂成为南唐画院中与周文矩、顾闳中等人齐名的画家。该画为绢本设色，纵 135 厘米，横 52. 5 厘米，藏于北京故宫博物院。《宣和画谱》将卫贤划归“宫室”一类，说他擅长人物和界画。界画专指表现建筑一类的绘画，在《高士图》中，其人物、建筑的绘画技巧都得到了充分展示。

图 3-1　五代　卫贤《高士图》（局部）

从叙事情节来看，作者描绘的景观当为江南地区的私家园林。身处金陵的卫贤自然对江南地区的自然景观和园林较为熟

图 3-2　五代　卫贤《高士图》

悉，进而能将其描绘于画中。尽管该图叙述的是汉末旧事，但人们依然可以从该图描绘的自然景观中梳理出晚唐、五代时期江南地区私家园林设计造景的相关信息。

该图描绘的是汉代隐士梁鸿与其妻子孟光“相敬如宾、举案齐眉”的故事。基于该图的创作背景、故事题材和画面呈现的园林风貌，笔者认为该图描绘的私家园林隐隐透露出画家卫贤或园林主人的归隐心迹。

梁鸿，字伯鸾，活动于东汉末年，虽固守清贫却才名远播，故而为其提亲者络绎不绝。孟光也并非凡人，史载，她“壮肥丑而黑，力举石臼”，直到 30 岁还未出嫁。父母问她为何不想嫁人，她回答说，要嫁就嫁给像梁鸿这样有操守的人。梁鸿听到此话后，竟真的娶了孟光为妻。谁知，孟光嫁过来以后，梁鸿一连七天没有理睬她。孟光只得跪下请罪。梁鸿说：“我希望娶过来的人能和我一起隐居深山，而你身穿华美的丝绸，傅粉施朱，岂能如我所愿?”孟光于是换上早已准备好的隐居时穿的布衣，改变了发型。梁鸿开心地说：“这才真是我梁鸿的好妻子!”此后，孟光陪着梁鸿一直在灞陵山中过着男耕女织、读书自娱的隐居生活。另有《后汉书·梁鸿传》记载，一日，梁鸿路过京师洛阳，看到帝王豪华奢丽的宫室，不禁想到百姓的生活艰难，遂作《五噫歌》：“陟彼北芒兮，噫！顾瞻帝京兮，噫！宫阙崔巍兮，噫！民之劬劳兮，噫！辽辽未央兮，噫!”汉章帝知道后，派人四处捉拿梁鸿。梁鸿闻讯便带着孟光逃亡山东，后又一路南下来到吴地。在苏州时，梁鸿住在皋伯通家的廊屋中，靠为人舂米为生。每次梁鸿舂完米回家，孟光已经给他准备好了饭菜，为表示对丈夫的尊敬，孟光总是将盛放饭菜的托盘举至眉前，且从不敢抬头直视丈夫。皋伯通见状，感叹能让妻子如此敬重的人绝非常人，于是以礼相待，换了大房子供其居住。

卫贤在图中将皋伯通的家描绘成溪水潺潺的山中景象，梁鸿也同样不见了为人舂米时的落魄模样，而是显露出意出尘外的超然之态。同时，为表现梁鸿的隐士身份，图中把梁鸿夫妇二人这一对话场景设置于巨峰壁立、林壑幽深的山水间，犹如身处世外桃源。图中高士梁鸿端坐于床榻之上，低头阅卷，其前方妻子孟光正跪于榻下，举托盘至眉，盘中放有数碟。妻子孟光的目光在托盘之下，不与梁鸿直视，此二人戏剧化的瞬间神情被巧妙地描绘了出来。无疑这些都是画家为了表现当时人理想中的高士形象而作的重新构思，因而宋徽宗于画面左上角将此作命名为“卫贤高士图”①。

根据故事情节可知，卫贤描绘的梁鸿、孟光夫妻举案齐眉的背景环境实质是苏州名士皋伯通的私家园林。笔者以为，汉末至南唐隔着700余年的时间距离，卫贤自然无法得见当时的园林，只能以自已熟悉的本朝园林景观为描绘对象。图中的园林犹如自然山水的微缩景观，充满着云水襟怀、山川气象，巧妙地烘托了画中人的高蹈情怀，当然我们也可以说此为画家的心迹写照。从这幅作品可见当时的园林完全是大山大水的缩微版，从园林设计与修造技术上看，此种样式的园林必然要购买大量的奇石来达到“叠石为园”的艺术效果，所耗巨额花费可想而知，园林主人自然是非富即贵。该园林基本风貌与同一时期荆浩、关仝的山水画尤为相似，尽管荆、关二人描绘的山水为陕西、河南地区的自然风貌。

如若《高士图》所描绘的北方山峦形态出现在南方园林中，一种可能为“叠石成山”而成（见图3-3）。画中前中景的太湖石正向我们传达着这样的讯号。明代文震亨的《长物志》中记录有造园所择取的多种名石，而太湖石以生长在水中的最为珍贵。太湖石是江南园林中的标志性景观，其瘦、漏、透、皱的特点，为历代墨客骚人所追捧。经过造园者的独具匠心的安排，“一峰则太华千寻”，于是在南方园林中造出了北方峰峦的景致。

另一可能，是造园者借景而成。计成说：“构园无格，借景有因。”借景要切合景物与景物间的联系及季节气候变化的特点。江南多丘陵，而苏州地区的山丘在江南地区相对较高。通过对远山的因借，以及近景与远景间的对比，很容易突显远山的险峻，从而使江南丘陵蒙上北方山水雄强的色彩。在明清之际，苏州郊外更是不乏山深林密之所，甚至有老虎出没，对此沈周曾作《西山有虎行》，可为佐证：

---

① 樊波、朱光耀：《画中历史——中国历史画解读》，香港：三联书店（香港）有限公司，2007年，第79页。

图 3-3　狮子林中的“叠石成山”（摄影：谭天奕）

西山人家傍山住，唱歌采茶山上去。
下山日落仍唱歌，路黑林深无虎虑。
今年虎多令人忧，绕山搏人茶不收。
墙东小女膏血流，村南老翁空髑髅。
官司射虎差弓手，自隐山家索鸡酒。
明朝入城去报官，虎畏相公今避走①。

由此可见江南地区仍不乏“山深似太古”之境。以此借景，自然可以营造出《高士图》中极具崇高感的山川气象。应该说，《高士图》中的园林意象较之明清时期在格局上要大得多，不过其中透露出的归隐情结则基本同调。

关于明清的园林绘画，清代华喦（1682—1756）的《高斋赏菊图》可

① （明）沈周：《石田诗选》（卷九），四库全书本。

见一斑。该图为纸本，淡设色，纵 64.8 厘米，横 115.3 厘米，绘于乾隆十八年（1754），美国圣路易斯美术馆藏。画面左下款书："癸酉秋月新罗山人华喦写。"后钤"华喦"白文印①。乾隆癸酉（1753），华喦时年 72 岁，生活富足，安逸闲适，其心境与画面中呈现的清逸平和的气息尤为一致。

华喦虽为福建上杭人，不过雍正初年至扬州后，一直在此卖画，以至终老。该作描绘的私家园林（高斋）小桥流水，竹影摇曳，主体建筑是我们极其熟悉的江南地区青瓦覆盖的回廊及其与之相连的轩堂，此外尚有太湖石、桂花、柳树、梧桐等物，当然最为突出的还是院前放置的数盆菊花。让人联想起陶渊明"采菊东篱下，悠然见南山"的隐逸生活。画面远近互衬，动静结合，描绘了"优游之愿"的心迹。

从总体风貌上看，该园林少了《高士图》中的人为雕饰痕迹，巧妙地利用原有的自然景观，并以自然为师，以归隐诗中常用的景物入画，诗中有画，画中有诗，呈现"虽由人作，宛自天开"韵致。同时，此图似乎是明代造园大家计成造园理论的绝佳体现。计成曾告知后世的造园者，须将"雅"的格调作为造园遵守的基本艺术规则，从而为园林的主人营造出可居可游、可行可望的理想化的诗意栖居空间。计成造园的基本风貌来自他的人生态度，在其看来，寄身于白云苍狗的炎凉俗世，无须也没必要热心仕途，浮生若梦，还是知足常乐吧②！故而，我们看到《高斋赏菊图》中的园子犹如短小精悍的明末小品文，格调清新，隽永淡雅。而园中放置的菊花更是道破天机：魏晋以来，菊花一直为名士隐逸情怀的象征。因此，此图可谓生动地反映了高斋主人的归隐心迹。在私家园林中赏菊无疑是我国古代文人向往的生存状态，为其理想生活与人格追求的真实写照。与《高士图》的高远构图不同，《高斋赏菊图》采用的是平远的视角。前者以山高水长的意境彰显了高士的云水襟怀，后者则以精细之笔写出闲逸之心，然而二者却都殊途同归地演绎了时人的归隐情结。

---

① 林树中：《海外藏中国历代名画》（8），长沙：湖南美术出版社，1998 年，第 7 页。

② 赵柏田：《南华录——晚明南方士人生活史》，北京：北京大学出版社，2015 年，第 212 页。

然而园林毕竟满足的是世人的长物之好。归隐向来为一种理想的心理状态，故而园林首先为园主的精神寄寓之所。在禹之鼎所绘的《王原祁艺菊图》（见图 3-4、图 3-5、图 3-6）中，即描绘了王原祁于私家院落赏菊、饮酒的场景。画面中榻上放置的书函、画卷暗示了王原祁的宫廷画家身份及其优越的社会地位。在这里，园林显然并非隐逸的精神表征，而是名望与才华的隐喻。不过在禹之鼎所绘的《王原祁像》（见图 3-7）里，王原祁则像卫贤《高士图》中的梁鸿一样置身山水间，溪水潺潺，修篁相伴，好一派名士风范。

图 3-4　清　禹之鼎《王原祁艺菊图》

图 3-5　清　禹之鼎《王原祁艺菊图》（局部一）

图 3-6　清　禹之鼎《王原祁艺菊图》(局部二)

从美术史来看，通常的理念认为山水画只是画家对理想山水物象的重构，而非表现特定的实景。实则不然，任何山水样式的产生都发于对前人思想意识、生活生产的继承与创新，源于对自然山林的再审视、再理解。当然，画家们通常会选择那些他们最为熟悉、与之关系最密切的园林场景作为创作素材。园林如画，此中可以流露出传统士人的终极关怀。

图 3-7　清　禹之鼎《王原祁像》

园林与山水文化

园林中的山水文化意蕴由来已久。山水文化往往体现了中国人的审美旨趣和对待生命的态度。中国人自古就喜好山水，其动机可追溯至古人对山水等超自然力量的神秘崇拜。《山海经》中记录了上百座山河奇物及远古祭祀场景。《广博物志》载："盘古之君……死后骨节为山林，体为江海。"盘古之后乃有三皇。所谓伏羲氏一画开天地，一画就是太极。太极生两仪，两仪就是阴阳。古人相信，山水则为宇宙间阴阳两种力量的体现。石出则地动，山摇则天惊，壁立千仞，峥嵘崔嵬；水则虚怀若谷，有容乃大，利万物而不争。

道家讲道法自然，道就是自然，是宇宙万物运行的规律。《道德经》曰："道之在天下，犹川谷之于江海""知其荣，守其辱，为天下谷；为天下谷，常德乃足，复归于朴""上善若水。水善利万物而不争""天下莫柔弱于水，而攻坚强者莫之能胜""夫之善为事者……旷兮其若谷；混兮其若浊"。老子在自然万物中最赞美水，他认为水德最接近于道。《道德经》中也借由自然山水的内在特征将道家微妙、高深、玄达的人生哲学和处事智慧表达出来。

在儒家文化中，君子比德于玉。许慎的《说文解字》进一步解释说："玉，石之美者。"玉就是美的石头。玉有五德，仁，义，智，勇，洁。《诗经》云："言念君子，温其如玉。"中国人好玉，也好石。《文赋》言："石韫玉而山晖。"山石本为一体，好山、好石、好玉本身文化一脉相承。孔子曰："仁者乐山，知者乐水。知者动，仁者静；知者乐，仁者寿。"在儒家的世界中，山水高尚的人格特征就是世人模范的对象。好山水，就是为了追求更高的道德和精神境界。

谈及山水，中国人的第一反应即山水乃风景秀美之处。蔡元培说："凡宗教之建筑，多择山水最胜之处。"在山水最胜处方能更好感知"大道"，参悟造化的力量，乃至"天人合一"之境。战乱时期，山水也成为文人士大夫逃避世俗、遁隐山林、谈玄论道的归所。山水文化在某种程度上也具有了隐逸的意义。

同时，山水文化在发展的过程中也深受印度佛教影响。尤其是当佛教思想与中国儒道思想结合而形成禅宗后，这种影响变得更加深刻。禅宗强调悟，"妙解顿悟，自证自度"。禅宗说"青山不碍白云飞"，在"空山无人，水流花开"的世界中人们可以识心见性，顿悟成佛。在禅宗的影响下，人们对山水的喜爱更加热烈。

千余年来在儒道释哲学思想潜移默化的作用下，中国人对山水有着自已独特的审美体验和情趣。中国人对山水文化的追求，早已超越了自然物质的表象特征，而在深层探索山水形象的内在品格和意境，并最终形成中国化的山水文化观。这种观念表现在中国文化的角角落落，从诗词歌赋到园林绘画。其中每一部作品都是创造者独特的生命感悟，包含着一个完整的精神天地，这个天地或空灵，或自由或萧寂（见图 3-8）。

图 3-8　狮子林中的“叠山造园”（摄影：谭天奕）

叠石成山

中国人好石，唐代已蔚然成风。身居相位的牛僧孺就是一个不折不扣的太湖石痴，白居易曾描述其“休息之时，与石为伍”，“待之如宾友，亲之如圣贤，重之如宝石，爱之如儿孙”。宋徽宗为建艮岳，组建花石纲和应奉局，到处搜刮奇石，一时惹得民声载道，怨声四起。宋代米芾对巨石“具衣冠拜之，呼之为兄”。苏东坡曾三次到访湖口，并写下脍炙人口的《石钟山记》，对一江州石八年来念念不忘，奈何奇石易主，只留下一段“壶中九华”的佳话。

《物理论》曰："土精为石。"石为土之精者，乃天地灵气孕育而生，"天地至精之气，结而为石"。中国人爱石，非因石为外物，而是石乃生命之石。正如石涛在画中自题："山林有最胜之境，须最胜之人，境有相当，石我石也，非我则不古；泉我泉也，非我则不幽。"

郭熙说："石者，天地之骨也，骨贵坚深也不浅露。"中国人常用"海枯石烂"形容不可能出现的事情，又用"三生石"来表达情义的坚持，概因为石具有永恒的特性，代表一种不灭的精神。石从远古洪荒中来，历尽自然造化，在不生中有生。人生在世，不过是须臾之旅。"顽石自有乾坤"，赏玩石，人置身于浩瀚宇宙中，触摸着苍古的时空，人和过去取得了联系，进行着跨时空的对话。而这石就是人类生命的慰藉者，它慰藉着世人那繁华散尽后的落寞。

图 3-9　留园的冠云峰①

米芾论石，强调"瘦、皱、漏、透"之美。朱良志说，这四个字打开了一条通向中国艺术奥府的通道。

瘦字即见石之风貌，遗世独立的精神跃然于眼前。如留园的冠云峰（见图 3-9)，恰似一位清矍老者，孤峰独立，睥睨俗世，顽野而不羁。"瘦者峰之锐且透也。"李渔也说，"壁立当空，孤峙无倚，所谓瘦也"。

瘦与肥相对，肥则容易色艳体媚、流于俗气。瘦则清高自好，超然物外。瘦有清冷、萧寒、孤寂之境。金农曾说"画梅

① 图源于童寯：《江南园林志》（第二版）典藏版，北京：中国建筑工业出版社，1984 年，第 210 页。

须有风格，宜瘦不宜肥耳”。马致远的“古道西风瘦马”，李清照的“人比黄花瘦”，倪瓒和八大山人的画境中皆有此意。

瘦还与老有关。中国艺术追求“老”境，老则趋于平和，荡去机心，渐趋无争之境。苏轼说，“外枯而中膏，似淡而实浓”。清瘦的外表下其实隐藏的是一颗古淡、自由的真心。荆浩的“笔尖寒树瘦，墨淡野云轻”说的正是此境。

皱是指石之纹理。皱是石之本性，体现了石的生命韵律，“石性维何？斜正纵横之理路是也”。石本来是硬的，但和水在一起，水却让它变得“柔软”；而水本来是柔的，但作用于石，水却刚强了起来。苏东坡诗云：“异哉驳石雪浪翻，石中及有此理存。”一块有纹理的石头，苏东坡却看到了它的造化过程，看到了石受激流的冲刷，在雪浪中翻滚，并领悟到了生命的真理。

皱是水石交融的产物。朱良志说：“石之纹理出，使得一拳顽石成了山与水的艺术。有了水，就有了柔媚，有了缠绵，有了真正的风流。”这纹理就是天作之笔，谁说它不是上天遗留在世间的语言呢？如杭州的皱云峰，造型奇拗，文理迭出，起伏变化，尽现嶙峋之美（见图3-10）。

图3-10　杭州的皱云峰①

皱在中国审美艺术中还与丑有关。苏轼说：“石文而丑。”石是丑的，它“无文无

① 图源于童寯：《江南园林志》（第二版）典藏版，北京：中国建筑工业出版社，1984年，第217页。

声，无息无味”，大多还奇形怪状，外表粗糙，色彩极单调无趣。但石又是美的，它挣脱了秩序的束缚，颠覆了规则的摆弄，“美于中，顽于外，藏野人之庐，不入富贵之门”，正是无用之大用，无言之大美。

李渔说：“此通于彼，彼通于此，若有道路可行，所谓透也；石上有眼，四面玲珑，所谓漏也。”透，指通透，“一点空明”。光影能穿过的地方，玲珑剔透，似小家碧玉，爱之难舍，含蓄又美好。漏，石之孔穴。计成说：“瘦漏生奇，玲珑生巧。”孔穴如石之眼，打开了石与外界的联系之门。孔穴上下相通，生命之气在其中流转，灵气天成。

漏是不实，透是亮，但二者皆与空有关。《道德经》第四章说：“道冲，而用之或不盈”。道本身是虚空的，是无的，正因为它的空和无，所以它能包容一切，所以它的作用是无穷无尽的。“无画外皆成妙境”“空则灵气往来”。石的漏、透就像倪瓒画中的那座空亭（见图 3-11），将无垠时空纳入这一芥子空间里，刹那永恒，体现着创作者对生命意义的追寻。老子说，“天下万物生于有，有生于无”。实则太满，易塞。只有当“无”存在的时候，方有韵生，而这韵味就是“有”。

图 3-11　元　倪瓒《容膝斋图》（局部）

山石所具有的诸多美学意蕴决定其成为园林中不可或缺的重要构件。《长物志》开篇即言，“居山水间为上”。当时的文人雅士喜欢在山水绝佳处建园，但山中造园成本高昂且交通不便，于是文震亨又说“吾侪纵不能栖岩止谷，追绮园之踪；而混迹廛市，要须门庭雅洁，室庐清靓”，即便居于闹市，也应拾掇一番。李渔在《闲情偶致》中说：“幽斋垒石，原非得已。不能致身岩下，与木石居，故以一卷代山，一勺代水，所谓无聊之极思也。”为求置身于山林，叠石成山实乃不得已而为之，故“假真山形”，将山水引入室庐。

计成说：“园中掇山，非士大夫好事者不为也。为者殊有识鉴。”叠石成山并非易事，需要建造者丰富的学识和鉴赏能力，使得“片山有致，寸石生情”，“有真为假，做假成真”，荡去机心，浑然天成。造山就像写文章一样，“结构全体难，敷陈零段易”，做好结构，才能“气魄胜人”。

造园深受中国山水画影响，叠山亦可参照画理。计成说：“须先选质无纹，俟后依皴合掇……小仿云林，大仿子久。”选质地好无断裂的石头，将它们按绘画中的皴法堆叠成山。掇小山可仿倪瓒的悠远简淡的笔意，掇大山可仿照黄公望雄伟豪壮的笔锋。北宋郭熙在《林泉高致》中说：“山有三远：自山下而仰山巅，谓之‘高远’；自山前而窥山后，谓之‘深远’；自近山而望远山，谓之‘平远’。”韩拙《山水纯全集》又说：“郭氏谓山有三远，愚又论三远者：有近岸广水，旷阔遥山者，谓之‘阔远’；有烟雾溟漠，野水隔而仿佛不见者，谓之‘迷远’；景物至绝，而微茫缥缈者，谓之‘幽远’。”后人合称此为“六远”。园林假山的布局也可兼顾此“六远”，使峰、峦、岩、峭壁各具其形，“远望之以取其势，近看之以取其质”。

计成在《园冶》一书中描绘了十余种掇山的形式，并详述掇山技法。但掇山最重因地制宜，富有意趣。计成说：“掇石须知占天，围土必然占地，最忌居中，更宜散漫。”叠石成山要注意它的空间视觉效果，培土成山也要注意它的地理环境效果，且造山要根据实际情况，自由布局。

山石不可分离，石为山之体。《春秋说题辞》曰：“周易艮为山，为小石，阴中之阳，阳中之阴，阴精辅阳，故山含石，石之为言托也。”又曰：“山有水石，精流以生木，木含火，故山有魄，火生土，故地有载石。”土石亦不可分。李渔说：“用土代石之法，既减人工，又省物力，且有天然委曲之妙。混假山于真山之中，使人不能辨者，其法莫妙于此……以土间之，则可泯然无迹，且便于种树。”苏州拙政园中部的池山即属此例。坡度和缓低平，土石相间，以土为主。花树亭桥点缀其上，池面映带左右，不辨土石拼凑痕迹，虽是人为，如似天成。

“叠石成山”是“以粉壁为纸，以石为绘”。在宋代赏石、叠山的基础上，明清之际出现诸多造“山”名家。石涛正是明清众多叠山高手中的一位。他既是画家，也是禅僧。正如《画语录》中说的那样：“至人无法，非无法也，无法而法，乃为至法。”石涛的叠山作品也以此为至高法则。

扬州园林片石山房和个园中的假山传为石涛所叠。片石山房的假山倚墙而立，俯临水池，横长蜿蜒。主峰陡峭逼人，深洞幽邃。假山按石之纹理组合而成，虚实相辅，浑然天成。个园中的春山置于竹林之间，如春笋破土；夏山玲珑，上有秀木争翠，下有幽深洞府，给人清凉夏日之感；秋山肃穆，与夏山相连，众山林环绕，众峰响应；冬山则择取洁白宣石而叠，观山似积雪未融，另有冰裂纹铺地及梅花相映衬。

通过叠山理石，造园者将大自然的神韵纳入庭园，以寄放性灵，畅情抒怀，与万物相和，生生不息。

弄泉理水

山无水不活，掇山也离不开理水。郭熙说“水者，天地之血也，血贵周流而不凝滞”，又说“山以水为血脉，以草木为毛发，以烟云为神采。故山得水而活，得草木而华，得烟云而秀媚。水以山为面，以亭榭为眉目，以渔钓为精神，故水得山而媚，得亭榭而明快，得渔钓而旷落。此山水之布置也”。笪重光在《画筌》中亦云：“山本静水流则动，石本顽水流则灵。”山为静，水为动，水流则灵气出，山石亦动。

计成《园冶》指出：“卜筑贵从水面，立基先究源头，疏源之去由，察水之来历。”相地筑基之初就要确定水源问题。文徵明《拙政园记》载：“郡城东北界娄、齐门之间，居多隙地，有积水亘其中，稍加治，环以林木。”理水贵在有活水，使园林中水与自然界之水相互联系贯通。活水有生命力，生动而富有变化。水源充足，方能创造出“泉流石注”“桥横跨水”（见图 3-12）等诸多水景。当园山受限，确无活水可用时，可隐藏水源首尾，使水流看似有不尽之意。或可借景，引园外水景入园。苏州沧浪亭即是纳园外水景入园的佳例。

图 3-12　园林造桥①

园林中水可分点、线、面状。点状如井泉，线状如瀑布、溪涧，面状如湖泊、池塘（见图 3-13 至图 3-16②）。皇家园林的理水形式多采用湖海等大面积水域的形式，如颐和园中的昆明湖，水体面积极大，水域开阔，气势恢宏，给人一望无垠之感，体现了人们对自然无拘无束状态的渴求。“最广者，中可置台榭之属，或长堤横隔，汀蒲、岸苇杂植其中，一望无际，乃称巨浸。”湖中可以建造亭台水榭、堤坝横隔，以尽园林之致。除了颐和园的昆明湖，我国有许多以湖而著名的园林，以及扬州瘦西湖、济南大明

① 图源于（明）计成：《园冶》，倪泰一译注，重庆：重庆出版社，2017 年。
② 图源于（明）计成：《园冶》，倪泰一译注，重庆：重庆出版社，2017 年。

湖、浙江绍兴东湖等。

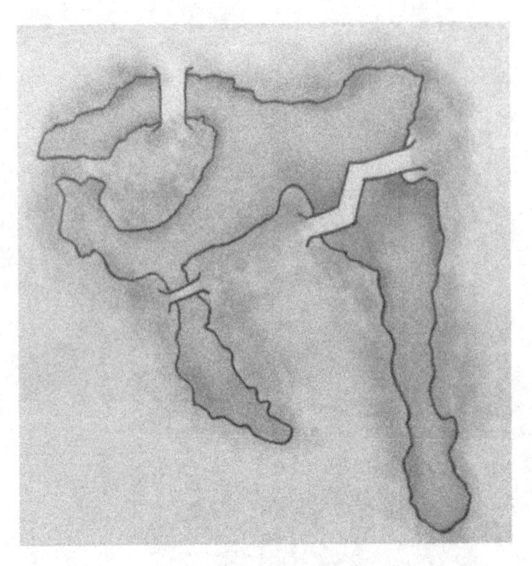

图 3-13　苏州环秀山庄的理水。受地形影响，苏州环秀山庄中的理水呈带状贯穿于山石之间，形成“涧”。“山因水活，水围山转”在此处的表现是最明显的。

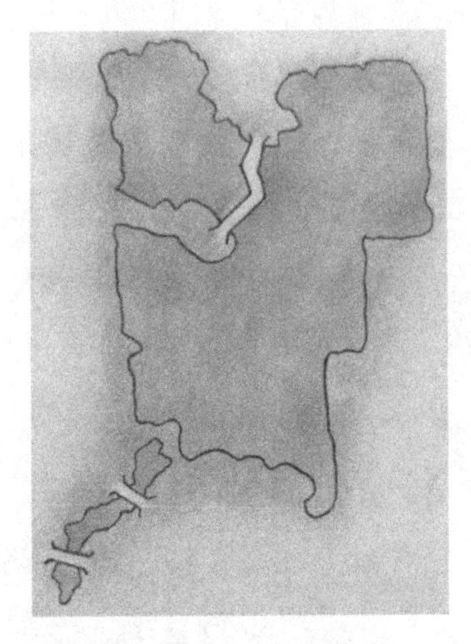

图 3-14　留园的理水。留园中的理水打破了方形的呆板与单调，园主人在池的东面筑一小岛，并设置了两座桥与池岸相连，使得水体西部形成一个“之”字的小河，既别致又富有文化情趣。

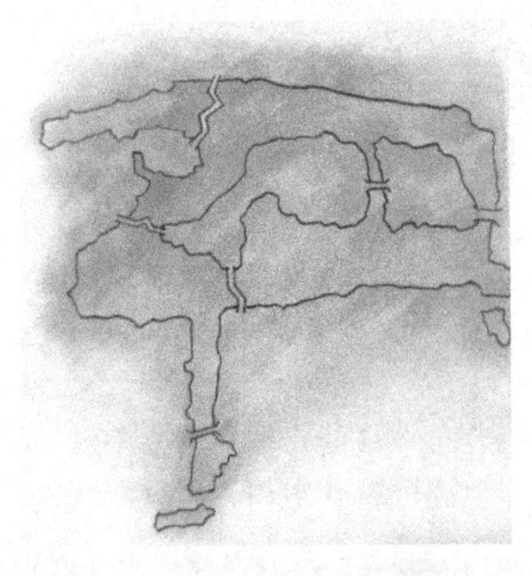

图 3-15　拙政园的理水。拙政园的理水以分为主，分中有合，分分合合让水面更富于层次和变化。大的水体中，还有多个小岛进行分割，使水体和驳岸曲折迂回，十分巧妙。

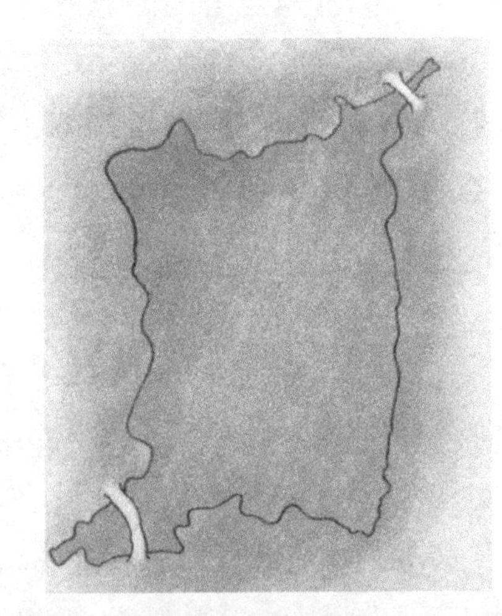

图 3-16　峨眉山万年寺内的理水。寺庙园林中，多见面积小的、比较规则的平面理水，多以水池的形式出现。正如四川峨眉山万年寺内的理水一般，呈长方形，水的面积不大，却与寺庙风格相得益彰，其形式也颇具匠心。

在江南私家园林中，园林大多占地面积不大，多采用小面积的理水形式。或以水池为中心四周景观聚散开来，如拙政园，大多建筑傍水而立，以水为中心展开布局。或分散处理，将水面划分为若干面积不等但内部互相连通的区块，给人一种迷离所失，“山穷水尽”却总是不断惊喜、余味无穷的感觉。计成《园冶》中说：“约十亩之基，须开池者三，曲折有情，疏源正可，余七分之地，为垒土者四，高卑无论。”水池虽小，但却更要讲究，池岸要斑驳参差，起伏不平，景观要错落有致。

溪涧多呈线状，婉转延伸，曲折迂回（见图3-17）。溪涧不似池水湖泊般宁静，也没有泉水瀑布般急促。它是一种和缓的流动，这种流动更契合中国人心理向往的自然水流形态。溪涧让人幽，也让人古，给人活泼，也给人生气。它像一条水脉，联系着其他形态，并将整个园林置身于同一个系统中。江苏无锡寄畅园的八音涧非常有名，它用黄石叠砌，两条溪流在山涧中穿行跌落，清脆的声音如同奏响的音乐。

图3-17　园林小涧①

① 图源于（明）计成：《园冶》，倪泰一译注，重庆：重庆出版社，2017年。

图 3-18　园林瀑布①

瀑、泉等形式动感明显，在园林中多用来点缀景观，常起到画龙点睛的作用（图 3-18）。泉的种类很多，山泉、地泉、温泉、冷泉、动泉、静泉、流泉、涌泉，泉的特点鲜明，不同的位置、质地给人不同的听觉、触觉、味觉的享受。瀑布，人们往往惊叹于它居高临下的气势，倾泻时一往无前，又给人精神上带来一股巨大的力量。泉水和瀑布，一个自下往上涌，一个自上而下泻。二者一个深，一个高，装点园林，制造一种隐蔽的神秘感。

园林中的瀑布大都人工而为，计成在《园冶》中写道："瀑布如峭壁山理也。先观有高楼檐水，可涧至墙顶作天沟，行壁山顶，留小坑，突出石口，泛漫而下，才如瀑布。不然，随流散漫不成，斯谓'作雨观泉'之意。"需要通过一定的技术手段搜集檐溜之水，使水流喷涌而下有水声、有水势，不然水流散漫，索然无味。环秀山庄东南角的假山，在山石后设小槽承接雨水，由石隙婉转而下，形成小瀑布景观。

在园林里听水声是文人雅士的一大爱好。有瀑布倾泻而下轰隆之声；有泉水汩汩作响之声；也有溪涧哗哗，水戏顽石之声；更有细雨滴答，绿

① 图源于（明）计成：《园冶》，倪泰一译注，重庆：重庆出版社，2017 年。

了芭蕉红了樱桃之声。在《红楼梦》中，曹雪芹借林黛玉之口说出自己最喜欢的是李商隐的那句“留得残荷听雨声”。苏州狮子林的“听瀑亭”闻名遐迩，据亭中《飞瀑亭记》记载，园主人久客居海上，建此亭，听到昼夜不停的瀑布声音，如闻涛声，有思旧之意，也有居安思危之意。

水流山转

明文震亨《长物志》说：“石令人古，水令人远，园林水石，最不可无。要须回环峭拔，安插得宜。一峰则太华千寻，一勺则江湖万里。”在造园过程中，水和石是最不可或缺的元素。石能使人发古之幽思，水给人宁静致远的感觉，水石设计要回环峭拔，布局合理，则造一峰有华山壁立千仞之险峻，设一水有江湖万里之浩渺。

计成尤推崇池上理石，认为：“池上理山，园中第一胜也。若大若小，更有妙境。就水点其步石，从巅架其飞梁；洞穴潜藏，穿岩径水；峰峦飘渺，漏月招云。”叠山时大小山峰错落排列，更有妙境，在水中设踏步石，在山顶架飞桥，洞穴隐藏或者穿山而过，或者渡水而云，山峰高耸入云，雨雾飘渺，那些空洞透进月光，招纳云气，这不就是瀛壶的仙人洞府么?

苏州的环秀山庄就是一座水石结合的典范。园中池山大都是清代大师戈裕良的作品。戈裕良反对叠山露出人工痕迹，他叠的山肌理分明，且有远山之姿。主峰常高耸于前部，次峰在后衬托，尽显山之雄奇峻峭。山势成峰峦，还以动态之姿向前延伸。他非常注重山和水的结合，在山脚和池水相接外，池岸设计得上实下虚，仿佛就是天然生成的水窟。用假山隐藏起水流源头。山水形成强烈对比，生动自然。

计成说：“山林意味深求，花木情缘易逗。有真为假，做假成真；稍动天机，全叨人力。”意以真山的意境来营造假山，使假山呈现真山的神韵。四季真山水云气如“春融冶，夏蓊郁，秋疏薄，冬黯淡”，烟岚如“春山澹冶而如笑，夏山苍翠而如滴，秋山明净而如妆，冬山惨淡而如睡”，这片山寸水、每景每境都是一个独立的精神世界，“见青烟白道而思行，见平川落照而思望，见幽人山客而思居，见岩扃泉石而思游”。山水如此真，才可使人安放心灵。

朱光潜先生指出：中国造园家，就是“借”一片假山真水，为园主造一叶“扁舟”，“渡”了园主，也“渡”了后来无数赏园人。郭熙问：“君子这所以爱夫山水者，其旨安在？丘园，养素所常处也；泉石，啸傲所常乐也；渔樵，隐逸所常适也；猿鹤，飞鸣所常观也。尘嚣缰锁，此人情所常厌也；烟霞仙圣，此人情所常愿而不得见也。……林泉之志，烟霞之侣，梦寐在焉，耳目断绝。今得妙手，郁然出之，不下堂筵，坐穷泉壑，猿声鸟啼依约在耳，山光水色滉瀁夺目，斯岂不快人意，实获我心哉？”大抵人都“性本爱丘山”，误落尘网不可挣脱，今可“不下堂筵”，在园林中徜徉林泉之趣，安放心灵，不正大快人意么？

白居易有云：“天供闲日月，人借好园林。”中国人要借园林创造一个与自己生命相关的“境”。沧浪亭的石柱上有这样一副对联：“清风明月本无价，近水远山俱有情。”造园者期许在园中寄托他的“沧浪”精神：“沧浪之水清兮，可以濯吾缨；沧浪之水浊兮，可以濯吾足。”网师园所取的是“渔隐”之意：“临渊羡鱼不如退而结网。”这个“网”就是大千世界，“网结”就是芸芸众生。“渔”者不在于隐，而在于游园观心。苏州留园，留园者留的不是人，是心。明末有一“寓山”园，寓山者也不是寓人于山林，而是寓意、寓心于山林！

因地借景

造园讲究“因”与“借”。计成说：“园林巧于因借，精在体宜。”“因”是因地制宜，“随基势之高下，体形之端正，碍木删桠，泉流石注，互相借资；宜亭斯亭，宜榭斯榭，不妨偏径，顿置婉转，斯谓‘精而合宜’者也”。随着地基高低对地形进行修正，方能“高方欲就亭台，低凹可开池沼”。“借”是指借景，“园虽别内外，得景则无拘远近，晴峦耸秀，绀宇凌空，极目所至，俗则屏之，嘉则收之，不分町畽，尽为烟景，斯所谓‘巧而得体’者也”。园有内外之分，但借景没有远近限制，庸俗的摒弃，美好的接收。“倘嵌他人之胜，有一线相通，非为间绝，借景偏宜；若对邻氏之花，绝几分消息；可以招呼，收春无尽。”借景是一种手段，如果别处有一可借之景，也应借来为园所用。“春色满园关不住，一枝红杏出墙来”，就是极富诗意的小园借景。

在优秀造园师的眼中，可见的美景都可以被拿来借用。至于如何去“借”，计成在《园冶》的末尾一篇亮出了他的看家本领：“夫借景，林园之最要者也。如远借、邻借、仰借、俯借、应时而借。然物情所逗，目寄心期，似意在笔先，庶几描写之尽哉。”美景皆可借，无论是园内还是园外景观，也无论是自然山水或是天文气象。触景生情，目之所及才会有想法。借景就好像作画时在心中打腹稿一样，谋划全局、巧妙得体才能让园景与所借之景相得益彰、相映成趣。

叠山造园，没有范式和套路可言，造园师的胸中丘壑才是园林出彩的关键所在。计成年少时就以绘画出名，作画常效法关仝、荆浩笔意，所以在造园过程中自然地就融入了宋元以来的浓浓画意。当计成以造园师的角色闻穿梭于名士豪绅之府邸后，他便不断标榜自己的艺术家身份，强调自己与普通匠人之间的区别。只有具备深厚文化修养的大匠才可能超越图纸束缚，与有经济实力建园的园主人产生精神上的交流和碰撞，并得以将园主人的审美趣味付诸园中。

北宋李格非《洛阳名园记》载：“以南望，则嵩高少室龙门大谷，层峰翠巘，毕效奇于前。”明人徐霞客《颠游日记》云：“建一亭于外池南岸，北向临池，隔池则龙泉寺之殿阁参差。冈上浮屠，倒浸波心，其地较九龙愈高，而陂池罨映，泉源沸漾，为更奇也。”这些都是造园前，精密的借景选择，山水因借成景。苏州园林大多是封闭的空间，园外无景可借，则园内多采用对景的方法。对景是园内之景相借。山和水相对，山和石相对，水和石相对，山水又和建筑等其他形式相对，小范围内前后左右高低互借，又可以小成大。

园林中除水石之外，亭台楼榭等建筑及桥、路亦是构成园林的重要部分，水石与之结合更呈自然之致（见图 3-19、图 3-20）。

图 3-19　拙政园　香雪云蔚亭（摄影：谭天奕）

图 3-20　拙政园　待霜亭（摄影：谭天奕）

《园冶》认为，“卜筑贵从水面”，即建筑最好依水而建，“略成小筑”，便“足征大观”。建筑与水中倒影相映成趣，凭栏俯瞰仿佛置身于山水之间（见图3-21）。更有雅致者，在池中养上金鱼，更觉意趣盎然。《园冶》中也论述了亭、台、楼、阁、榭、廊等多种建筑类型与山水的关系，如楼阁适宜立在半山半水之间；亭通常修建在溪水之畔，也修建于山林中或山顶之上；榭的选址或水边，或花畔，形式随机变化；房廊可架在山腰或者建在水面上，随着地势起伏变化，穿过花木丛，渡过溪水山涧，显现出蜿蜒曲折、若隐若现的情致。好的园林造景，虽建筑形式多样、格式随意，但与山水都很相称，虚实相生，左右响应，动静相宜。

图3-21　网师园——水面倒影中实与虚相映成趣（摄影：谭天奕）

如苏州的网师园，从轿厅西首入园，曲廊接四面厅，随廊越坡，有亭曰“月到风来”，正如陈从周先生写的那样：“明波若镜，渔矶高下，画桥迤逦，俱呈现于一池之中，而高下虚实，云水变幻，骋怀游目，咫尺千里”“凭阑得静观之趣，俯视池水，弥漫无尽，聚而支分，云来无踪，盖得力于溪口、湾口、石矶之巧于安排，以假象逗人”。

园林中多在水上架桥，即“横跨长虹”。苏州园林中常见梁式石桥和小型环洞桥（见图3-22）。梁式石桥又分为直桥、九曲桥、五曲桥、三曲桥、弧形桥等。桥与水面相互依偎，水因桥成景，桥依水得影。桥能分割空间，隔则深，畅则浅，水上之有桥正如陆上之有廊，延伸并扩大了视觉空间。园林中桥一般要低于或持平于水面，有凌波之意，更显水的汪洋；山石建筑也更为高峻，与亭榭楼台对比强烈。

图3-22　网师园中一人宽的小型环洞桥（摄影：谭天奕）

《园冶》中说“到桥若谓通津”，行人到桥头要有人似在渡口的感觉；“临濠蜒蜿，柴荆横引长虹”，水池蜿蜒曲折至柴门内，并横接长桥；“架桥通隔水，别馆堪图”是说用桥梁与水岸对面相连，可另建馆舍，通向别处空间。文震亨说：“广池巨浸，须用文石为桥，雕镂云物，极其精工，不可入俗。小溪曲涧，用石子砌者佳；四旁可种绣墩草。”宽阔的池塘要用带纹理的石料来架桥，石桥上的纹饰要做工精致；小溪泉水，用石子砌成的小桥为佳；板桥须三折，石桥忌三环，板桥忌用直角转折，尤忌在桥上设置亭子（见图 3-23）。

图 3-23　拙政园中的三折板桥（摄影：谭天奕）

路是园林间风景的重要组成部分，也是园林各部分相互联结的纽带。郭熙说山“无道路则不活，无林木则不生”。山间道路就是山的活络经脉，有了路，山景才活了起来。《清闲供》云：“门内有径，径欲曲”“室旁有路，路欲分”。“因景设路，因路成景”，路使人能更好地领略园林山水的千变万化。如狮子林的假山石，游人刚刚感觉山之巍峨，踏上几个台阶，突然峰回路转，顿获得俯瞰之宽阔视野，视觉效果随小径由亮到暗，再由暗转亮，不大的空间更富加丰富多彩。

中国园林讲究含蓄之美，一山一水耐人寻味。园内还有其他元素与山水相映成趣，譬如树木、窗、墙、联对等，不一一赘述。

明清江南城市的园林特质

——由绘画看明清江南城市景观中的建筑

明清时期，由于手工业、商业的大力发展，商人巨贾、市民阶级、官员等阶层都逐渐开始追求精神层面的满足，附庸风雅成为当时的一大潮流。这促使书画作品交易蔚然成风，很多画家为了迎合当时的需要，绘制了大量的市井风俗画。这些风俗画反映了当时的生活、经济等各方面的状态，成为研究明清时期难得的史料。从这些风俗画中我们也可以一窥当时的盛况及民风民俗，同时也可以了解到当时的城市景观建筑特点。明清时期江南地区尤以苏州经济发展为盛，清人徐扬绘制的《姑苏繁华图》（见图 4-1、图 4-2）

图 4-1　清　徐扬《姑苏繁华图》（第十一段　山塘街）　现藏于辽宁省博物馆

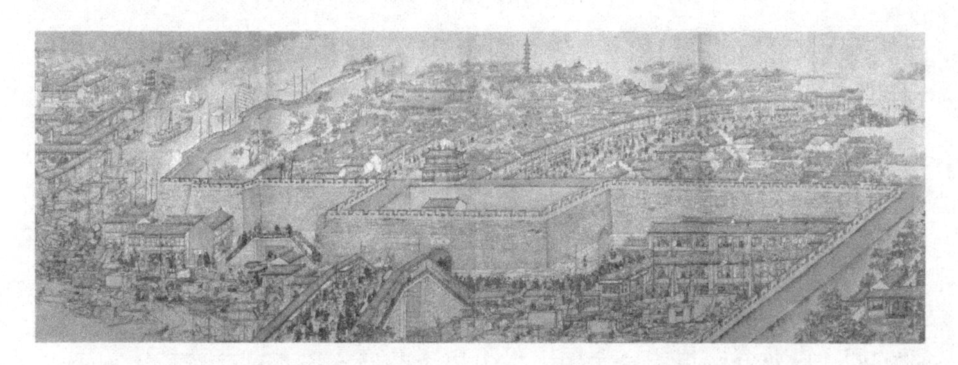

图 4-2　清　徐扬《姑苏繁华图》(第十段　阊门)　　现藏于辽宁省博物馆

再现了当时的盛景，各类型建筑在此画中均有体现，这也为我们总结明清时期江南城市景观建筑的建筑特征和美学特征提供了良好的素材。

明清时期各行业发展状况

农业

明清时期对于农业非常重视，一直沿袭儒士朱升提出的“高筑墙，广积粮，缓称王”策略，以农业生产为核心。明清之际的连年战乱造成了农田的大面积荒芜，百姓流离失所，清政府将更多的精力放在农业上，鼓励垦荒、大兴水利、调整赋税等，使得受到破坏的农业得到了很好的恢复和发展。

手工业

明朝时期城市繁荣，流通和贸易交流活跃起来，从而刺激了手工业的发展。手工业开始脱离农业，独立发展趋势愈加明显。各行各业开始采用新的工艺和方法。洪武时期，官办冶铁行业每年产量定额已接近 1 万吨。织造业发展的主要特征是生产趋于专业化和地区性专业分工。尤其在江南的某些城镇里，如嘉兴的王江泾镇，“多织绸收丝缟之利，居民可七千余家，不务耕绩”；松江的纺织，芜湖和苏州的染色、踹布，享誉天下。到了清朝，以纺织业为代表的手工业更加繁荣，在生产规模、雇工人数、技术水平等各个方面都达到了相当高的水平。陶瓷业、冶矿业、铁器制造业等都得到了长足的发展，发展水平均超过前代。这时期最重要的是开始出现了资本主义的萌芽，但由于各方面原因，这一萌芽仅处于初级阶段，并未对手工业造成很大的影响。

商业

明代商业的地位明显得到提高，由于货币商品经济的大幅发展，粮食等农副产品也开始作为商品在市场上销售流通。在较大的城市里，商人开始成立专门化的帮会，安徽的徽商和陕西、山西的西商成为南北并雄的两大商业资本集团。全国出现了更多的商人，尤以江南地区最为兴盛。苏州、杭州的丝织业，芜湖的浆染业，铅山的造纸业，景德镇的制瓷业，都有新的发展。城市经济尤其是沿海经济得到了前所未有的发展。到了清代，清政府开始实施各项措施和政策抑制商业的发展，但由于明代奠定的基础，使得工商业发展的趋势已经势不可挡，并且对清代社会生活的各个方面都产生了重要的影响。到近代，工商业城市发展加快，一些城市，如江宁（今南京）、苏州、杭州、扬州、无锡、汉口、广州、福州、北京、天津、济南、开封、太原等占地利之便，成为内外贸易的重要口岸，商贾云集。

社会管理

明清时期，中央集权发展到极点，宰相被废除，皇帝成为官僚之长。在中央行政方面，明代沿袭元代的省制，后取消了路，改省为布政使司，并设立总督、巡抚对其监督；同时设立提刑按察使司和都指挥使司予以牵制。形成了行政、司法、军事三权分治、互不统属的政治体系。清代以明制为基础，有所改创，总督和巡抚成为地方最高行政长官，并称“封疆大臣”。

明清绘画新发展

明清时代绘画与前代最大的区别是商品经济开始介入绘画艺术内部，使得绘画艺术商品化的同时，市井化的特点也非常突出。此时的绘画艺术市场开始形成规模化发展，有了供、求两方稳定的交易关系。供方也逐渐由非功利的高逸转向功利性的商品化，求方则主要包括富商、市民阶级、官员。除此之外，由于附庸风雅的人数增多，普通的市民阶层也对绘画艺术表现出强烈的兴趣，对于艺术的需求增长明显，使得很多画家开始聚集在一起，并互相学习影响，形成了一个个地方性的画派。诸如以仇英、唐寅为代表的吴门画派；以董其昌、陈继儒为代表的华亭派；以渐江、汪之瑞、孙逸、查士标为代表人物的新安画派；以郑板桥为代表的“扬州八怪”；兴起于赵之谦，盛于任颐、吴昌硕的海上画派。从体现宫廷趣味的“院体”和有民间气质的“浙派”，到在野文人与市民结合的“吴门派”，再到缙绅士大夫的“松江派”，正好勾画出一条宫廷绘画中衰、文人画兴起并取得正统地位的线索。

画家、买家供需关系的形成发展

在明清之前，绘画作品很少售卖，画家并不以卖画为生。到了明清之际，商品经济的发展也间接影响到了艺术行业，不仅出现了艺术经纪人，还出现了独立的古字画商号，纸、墨、笔、砚等与艺术相关的商业也发展起来。明代的文人画家，如仇英、戴进、沈周、唐寅、董其昌等人都成为绘画作品流通中的一分子。卖画收取的银两称为“润笔费”。到了清代，以画换钱更是一种再正常不过的商业模式。之所以能够形成规模化的发展，这与当时社会的发展有着很大的关系，很多商人巨贾、官员甚至是市民阶层的审美意识都有所提高，且附庸风雅的风气非常盛行。

商人虽然在经济发展中获利，但由于受传统思想的影响，他们的地位依然很低，因此为了改变自己的身份地位，他们凭借手中的金钱开始向士大夫阶层靠拢，其中很重要的一项，便是向士大夫的“雅”靠拢，方法之一便是开拓艺术市场。他们不仅购买画家的绘画作品，还积极以赞助文人、投资文化艺术产业、投资艺术教育、举办艺术典藏活动等方式向士大夫阶层的雅致靠拢。他们雄厚的经济实力带动了明清时代绘画市场的发展，也进一步促进了绘画向商品化发展的进程。为了迎合这些商人巨贾的喜好，画家们的作品也偏向世俗商业化。

除此之外，一些介于富人和贫民之间的所谓的“中产阶级”也为艺术市场推波助澜。这些人多是以现金购买画家的作品为主，他们大多有一定的文化修养，对绘画有一定的了解和喜爱，但在此方面的认知可谓参差不齐。为了迎合这一阶层的喜爱，画家们创作出了很多雅俗共赏的作品，日常市井生活的景象也多在绘画中出现，这也为后来人对于明清时代绘画及各方面的研究了解提供了很好的研究范本。对书画艺术也颇为关注的另一阶层则是官员。官员们多出身科举，有着深厚的文化修养和不俗的欣赏水准。他们喜爱买画，以收藏书画为乐。这样做的原因一方面是出于自身的喜好，另一方面则因为这也是财富累积的一种方式。相比于购买房产等方式，这种积累财富的方式可谓隐秘而高雅，它以不寻常的手段体现了典藏的经济价值。

画派发展

在明清之前，画家多依附于画院生存，靠宫廷供奉，因此在地方上并不存在画派之分。江南地区的吴门画派在当时知名度颇高。这与当时苏州的经济地位是密不可分的。在元代，苏州已经发展成为全国最繁华的城市，除了农业发达外，手工业也非常发达，印刷业尤为突出。在文化方面，苏州也有着深厚的积淀，高启、杨基、张羽等明代首屈一指的诗人都是苏州人。到了明代中期，江南地区出现了资本主义萌芽，且苏州远离北京，不仅在经济上得到了大力的发展，在文化上也少了很多的束缚。吴门派始于沈周，发达于文徵明，直至到后来的仇英、唐寅，被称为吴门四家。这四位大师在艺术方面的造诣我们有目共睹，他们创作出的作品对于后世的影响也非常深远，从他们的绘画作品中我们也可以一窥当时的社会风貌和建筑特征。

明清世俗风景画中的江南城市建筑

明清时期的社会背景和文化背景造就了一批优秀的画家，这些画家在市井风俗画中也多有不俗表现，其中如仇英的《清明上河图》、徐扬的《姑苏繁华图》（又名《盛世滋生图》）、王翚的《康熙南巡图》（见图4-3）等都是当时极为宏大的作品，同时也为后世的借鉴和研究提供了很

图 4-3　清　王翚、杨晋等《康熙南巡图》卷九　局部

好的史料。其中尤以徐扬的《姑苏繁华图》让人震撼，它是完全以纪实性的手法绘录了当时苏州实际存在的260余家店铺的招子，将苏州这一当时全国最为著名的都会之地、工商中心的繁盛市容全方位、直观式地展示了出来，为后人留下了极为难得的文献以外的实景式的形象记录。苏州是清前期全国经济文化最为发达的城市，从这幅作品中我们可以看到这座城市盛极一时的情景，同时这幅作品还涉及了多种建筑类型，诸如宫廷府第建筑、防御守卫建筑、纪念性建筑、园囿建筑、祭祀性建筑、桥梁及水利建筑、民居建筑、宗教建筑、娱乐性建筑等。我们可以从此幅作品中对明清时期江南城市建筑的建筑特征和美学特征管窥一斑。

《盛世滋生图》俗称《姑苏繁华图》，乾隆二十四年（1759）由著名宫廷画家徐扬创作。此时正是乾隆二十二年（1757）乾隆帝第二次南巡之后。此幅作品描绘的地段，其中胥门到山塘街一带，正是文献中记载最多、本地人最愿称道、外地人最为留恋的苏州最为繁华的商业文化地段。

此幅作品全长1241厘米，画心高39厘米，纸本设色。如徐扬在图卷的跋文所述，“自灵岩山起，由木渎镇东行，过横山，渡石湖，历上方山，从太湖北岸，介狮、和（何）两山间，入姑苏郡城。自葑、盘、胥三门出阊门外，转山塘桥，至虎丘山止。其间城池之峻险、廨署之森罗、山川之秀丽，以及渔樵上下、耕织纷纭、商贾云屯、市廛鳞列，为东南一都会。至若春樽献寿，尚齿为先；嫁娶朱陈，及时成礼。三条烛焰，或抡才于童子之场；万卷书香，或受业于先生之席。耕者歌于野，行者咏于涂，熙暤之风”等，在图卷中均有不同程度的反映。

据粗略统计，图中人物接肩摩踵、熙来攘往者多达 12000 余人；河中船帆如云，官船、货船、客船、杂货船、画舫、木排竹筏等，约近 400 条；街道上商店林立，市招高扬，可以辨认的各类市招约有 260 余家①，包括：丝绸店铺 14 家；棉花棉布业 23 家，其中布行 4 家；染料染业 4 家，其中染坊 3 家；蜡烛业 5 家；酒业 4 家；凉席业 6 家；油漆、漆器业 5 家；铜、铁、锡器业 5 家；金银首饰珠宝玉器业 8 家；衣服鞋帽手巾业 14 家；图书字画文化用品业 10 家；灯笼业 5 家；竹器业 4 家，其中竹器重复者 3 家；窑器瓷器业 7 家，其中窑瓷器 2 家；粮食业 16 家，其中米行 5 家；钱庄典当业 14 家，其中有当（两层楼，五间门面），钱庄 9 家，兑庄，兑换钱庄，兑换银钱重复者 2 家；酒店饭馆小吃等饮食副食业共 31 家，其中名酒 6 家；酱菜业 5 家；柴炭行 3 家；皮货行 1 家；麻行 1 家；猪行 1 家；果品业 2 家；乐器店 1 家；扇子铺 2 家；雅扇 2 家；船行 3 家，其中船行 2 家；茶室 6 家，其中茶室 4 家；澡堂 1 家，其中香水浴堂；花木业 2 家；客栈业 3 家，其中客寓 2 家；其他行业 11 家。各式桥梁 50 余座，文化戏曲场景十余处，充分展示了盛清时期苏州高度文明的盛况（见图 4-4 至图 4-13）。

图 4-4　清　徐扬《姑苏繁华图》（第一段　灵岩山前）　现藏于辽宁省博物馆

① 有关《盛世滋生图》中的店铺市招，李华先生最先做了统计，指出有 230 余家，后来王宏钧先生等均持此说。笔者利用李先生的研究成果，唯重新计算，或增加，或调整，更做新的解释，知有 260 余家。李文见其《从徐扬“盛世滋生图”看清代前期苏州工商业的繁荣》，《文物》，1960 年第 1 期。

图 4-5 清 徐扬《姑苏繁华图》（第二段 山游雅集） 现藏于辽宁省博物馆

图 4-6 清 徐扬《姑苏繁华图》（第三段 木渎镇 状元船） 现藏于辽宁省博物馆

图 4-7 清 徐扬《姑苏繁华图》（第四段 遂初园） 现藏于辽宁省博物馆

图 4-8　清　徐扬《姑苏繁华图》（第五段　石湖风光）　现藏于辽宁省博物馆

图 4-9　清　徐扬《姑苏繁华图》（第六段　狮、何二山高台　芝居）　现藏于辽宁省博物馆

图 4-10　清　徐扬《姑苏繁华图》（第七段　姑苏城西南一角）　现藏于辽宁省博物馆

图 4-11　清　徐扬《姑苏繁华图》（第八段　万年桥府衙试验场）　现藏于辽宁省博物馆

图 4-12　清　徐扬《姑苏繁华图》（第九段　藩台　役所婚礼　情景）　现藏于辽宁省博物馆

图 4-13　清　徐扬《姑苏繁华图》（第十二段虎丘山）　现藏于辽宁省博物馆

从画卷中分别可以看到宫廷府第建筑、防御守卫建筑、纪念性建筑、园囿建筑、祭祀性建筑、桥梁及水利建筑、民居建筑、宗教建筑、娱乐性建筑等。首先图 4-14 正上方可以看出官式建筑斗拱的比例缩小，柱比例细长，屋顶柔和的线条消失，相对比较严谨拘束，但比较精炼。这与后面的公共建筑形成了鲜明的对比。

图 4-14　清　徐扬《姑苏繁华图》（第十二段　虎丘山局部）　现藏于辽宁省博物馆（图中描绘了明清时期的寺院、佛塔）

《姑苏繁华图》中出现最多的便是诸如当铺、钱庄、戏院、商场等公共建筑，可以看到，很多公共建筑的样式与前代大有不同，这是因为明清时期随着经济的发展及贸易的往来，西方建筑的理念也渐渐传入进来，这些公共建筑开始借鉴西方建筑，一方面用传统的技术建造出新的建筑形式，另一方面则在传统建筑类型中运用新的技术。从图 4-15 我们也可以看到“以砖墙承重，承托木制三角屋架”的新式建筑构架技术。

图 4-15　公共建筑

从图 4-16 的左边可以看到当时民居的一些景象。当时新的建筑理念和技术开始在明清江南城市民居中运用，主要体现在三角屋架的普及和新建筑材料的应用。三角屋架逐渐替代了传统的立贴木构架。同时诸如水泥砂浆、瓦片等也逐渐被大量使用。江南多使用穿斗式结构，房屋组合比较灵活，适于起伏不平的地形。同时，多用粉墙黛瓦，给人以素雅之感。

图 4-16　民居建筑

苏州自明中后期兴起园林砌造之风后，清前期再掀高潮。徐扬所见，正是苏州园林全盛时期。因而《姑苏繁华图》中绘录了苏州的不少园亭胜景。最早进入图卷的是坐落在古镇木渎的遂初园。木渎在苏州西南 30 里，是南宋以来即有名的古镇。江南园林大都是封建文人、士大夫及地主经营的，因此与北方的皇家园林相比更讲究细部的处理和建筑的玲珑精致。它将山水、建筑、花木融为一体，既再现自然山水美，又高于自然，却又不露人工斧凿的痕迹。明清江南私家园林的造园意境达到了自然美、建筑美、绘画美和文学艺术的有机统一（见图 4-17）。

图 4-17　园林建筑

明清时期，江南地区的宗教建筑，在造型上，塔的斗拱和塔檐很纤细，环绕塔身如同环带，轮廓线也与以前不同。由于砖产量的增加，使得很多佛寺建筑出现了拱券式的砖结构殿堂，大量的宗教建筑丰富了城市的立体构图，装点了风景名胜。现存的佛寺多数为明清两代重建或新建，尚存数千座，遍及全国（见图 4-18）。

从图 4-19 可以看出明清时期的防御建筑诸如城墙在设计时，既有方形或矩形的旧样式，又有依据山脉水系的走向而筑的新样式，从而形成由内向外“南斗北斗”聚合、环套格局的特点。

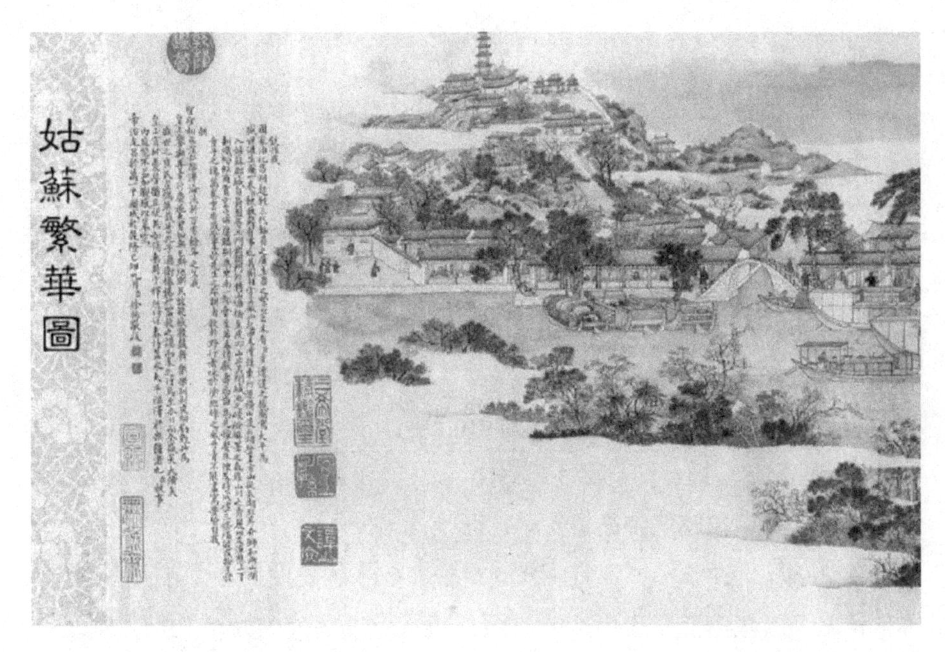

图 4-18　宗教建筑

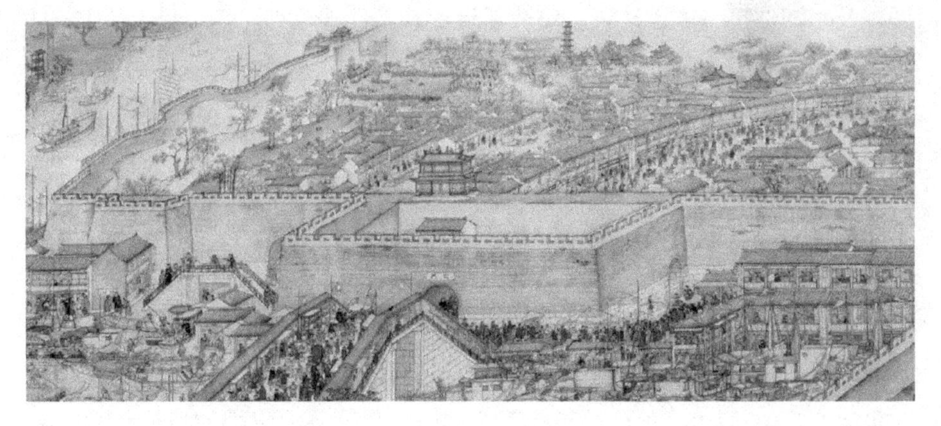

图 4-19　防御建筑

我国古代建筑向来以单体建筑围绕成组群进行展开。明清时期，单体建筑的技术和造型日趋定型，群体组合达到了一个高峰。从图 4-20 可以看出，明清时期江南建筑的组合并没有什么规律性，而是多选用自由组合的形式，形成了丰富的层次之美，从而摈弃了单体建筑的小家碧玉之感，增添了建筑整体的大气之美。

图 4-20　建筑组合

明清江南城市建筑特征与美学特征

每个朝代的建筑类型随着朝代的更替和技术的发展都会发生一些变化，在明清时期，根据性质和用途的不同，建筑可以划分为以下几类：宫廷府第建筑、防御守卫建筑、纪念性建筑、陵墓建筑、园囿建筑、祭祀性建筑、桥梁及水利建筑、民居建筑、宗教建筑、娱乐性建筑等。在《姑苏繁华图》等明清风俗画中，宫廷府第建筑、防御守卫建筑、纪念性建筑、园囿建筑、祭祀性建筑、桥梁及水利建筑、民居建筑、宗教建筑、娱乐性建筑等建筑类型都有出现，尤其像《姑苏繁华图》这类完全纪实性的风俗画，可以从中概括出明清江南城市建筑的一些基本特征，并对这些建筑的美学特征也有所了解。

明清江南城市建筑特征

从《姑苏繁华图》中可以看出明清时期的建筑形体简练但细节烦琐，在单体建筑的造型和技术上已经日臻完善，建筑群体组合、建筑结构、材料、技术、装饰等各方面都有了新的发展，据此可以概括出明清时期江南城市建筑的特征如下：

1. 建筑材料发生变化使得造砖技术局部取代木构建筑技术

在建筑材料上，江南地区以土木为主，且多会采用竹子、芦苇等材料。但明清江南城市建筑与以往有很大不同的便是砖的用量的增大和普及。据史料记载，明朝前期，长洲和无锡是当时有名的造砖基地，所产的砖除供应北京的宫殿建造工程之外，大部分都是供应给江南地区及周边。到了清朝，江阴、句容、钱塘等地也逐渐成为造砖大县。但由于当时条件、技术所限，这些地方的供应与江南地区建筑所需的砖的需求并不能成正比，因此砖在江南城市建筑中并没有独霸一方，只能是小面积的出现。而砖头在建筑中对于木结构的替代运用，使得当时的建筑模式也发生了一定的变化，如硬山屋顶（见图4-21）形式的出现；承重墙的出现。明清时期的江南民居多以硬山屋顶的形式结构存在，而承重墙也逐步取代了梁柱承重，使梁柱的结构更加简单。

图4-21　硬山屋顶

2. 官方建筑和公共建筑开始借鉴西方建筑

明清时期，江南官方建筑和公共建筑对于西方建筑的借鉴主要体现在传统建筑类型中新技术的运用和用传统的建筑技术建造新式的建筑。从《姑苏繁华图》中的公共建筑诸如当铺、钱庄、戏院、商场都能看出这些建筑与前代的不同，它们均是在借鉴了西方建筑的前提下用传统技术建造出的新建筑模式。这在明清时期的江南很多城镇中都有所体现。除此之外，这时期很多建筑主体结构还开始采用“以砖墙承重，承托木制三角屋架”的新式建筑构架技术（见图4-22）。

图4-22　西方建筑代表——维米尔《小街》（The Little Street，1658）

3. 江南城市民居建筑新理念和技术的运用及新材料的引入

新的建筑理念和技术在明清江南城市民居中的运用主要体现在三角屋架的普及和新建筑材料的应用。此时期苏州的狮子林、留园等处的建筑都采用了三角屋架，它替代了传统的立贴木构架。同时诸如水泥砂浆、瓦片等也逐渐被大量使用，这些新技术和新材料的运用，不仅增加了城市民居的结构强度，也丰富了江南建筑技术的内容（见图 4-23）。

图 4-23　狮子林的三角屋架（摄影：谭天奕）

4. 材、梁概念弱化，斗口制取代材份制

自元代开始，建筑用材等级即开始降低，元代很多建筑的斗栱用的材等级比宋代同等规模的建筑降低了四等，到明代则降得更多。斗栱用材等级的降低，意味着斗栱的结构功能遭到削减，这样建筑的屋顶和柱列之间的联系必然加强。明代建筑结构发生了变化，使得材份制的“材分八等”对建筑物用材失去了制约作用，而相应的材、梁概念也逐渐退出，可是材份制中分值的概念却延续了下来。

5. 斗拱功能弱化

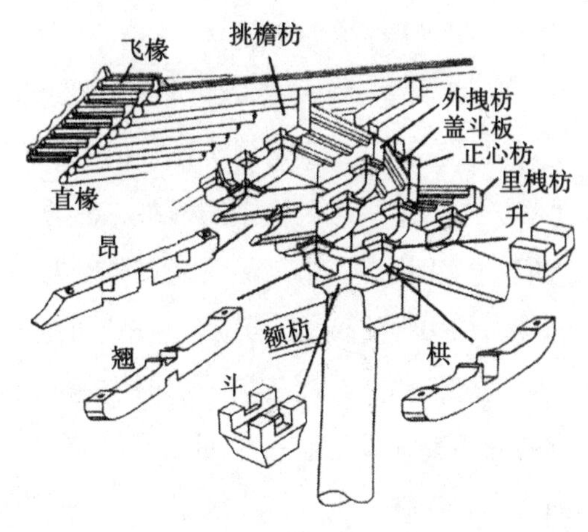

图 4-24　斗拱的基本结构

斗拱（见图 4-24）是木构架建筑特有的结构构件，斗拱的功能主要是承挑起伸出到柱外的屋檐，斗拱层数多少标志着建筑的等级，而且只限于在宫殿、寺庙等重要大式建筑上使用。明清时期，由于木构架建筑被取代，使得斗拱的功能也受到影响，逐渐弱化。这一时期官式建筑斗拱结构功能减弱，成为一种纯装饰性的构件，造型繁复精巧，追求华丽。

明清江南城市建筑美学特征

1. 布局规划的协调之美

从明清时期的市井风俗画中可以看到，明清时期的江南城市建筑在布局上并不追求整齐归一，它不再将平衡对称作为布局的基本原则，而是因地制宜，根据环境做出最合理的布局，显示出不同于以往各代的协调之美。这种布局方式不仅应用于风景园林，在民居环境、宫殿庙宇中也都有所体现。这使得建筑设计不再仅仅局限于规范的设计布局之中，而是能够更巧妙地融合当地的风俗、地势等特征做出合理安排。

2. 群体组合的大气之美

我国古代建筑向来以单体建筑围绕成组群进行展开。明清时期江南建筑大多并不高大，且形成了一定的标准化，它通过群体组合的形式，形成了丰富的层次之美，而摈弃了单体建筑的小家碧玉之感，增添了建筑整体的大气之美。这种组合一般会采用中轴对称的方式，但大多数民居、园林则采用自由组合的方式，群体组合出的布局含蓄、平和而大气，体现了中国独有的东方神韵与特有的美学理念。

3. 设计模式的装饰之美

明清时期，江南城市建筑独有的装饰色彩之美一直是后世研究和模仿的对象。在此时，江南建筑设计的装饰和色彩的应用已经达到了相当高的水平。木质结构建筑物中的横梁、柱子、屋顶等地方都进行了雕刻和喷漆，人们经常使用青、朱等颜料来创作色彩丰富的图案和画作，用以丰富建筑的装饰，加强建筑物的美感。一方面是为了保证木质材料不受到虫子破坏或者腐烂，另一方面在实用价值的基础上具备了极高的审美价值。色彩斑斓的彩画装饰成为这一时期独有的装饰风景。另外，斗拱功能的弱化，装饰作用的加强，也进一步增强了这一时期建筑的装饰之美。

4. 超然于物外的自然之美

这一时期的自然之美主要体现在江南园林的设计之中。江南文人园林很大一部分的设计者都是诗人、画家等文人骚客，他们注重自然之美，在园林的建设中趋向于清新高雅的设计基调，运用自然的美感增添建筑的人文气息。园林建筑的主体是自然的景物风光，而将亭子台阶、房廊屋子作为园林自然风光的陪衬，来体现主人超然于物外的思想境界，在天然美丽的环境中丰富所有者的精神寄托。在明清时期建筑设计中体现出来的自然之美，同时还深刻地融入了当时人们的生活之中，江南地区多依山傍水，这也成了当时民居中的风格特色。人们借用天然坡度进行建筑物的设计和布局，通过窗子、天井及楼阁等方式来达到居所内外环境的沟通，使得建筑群能够完美地融入自然环境之中。

综上所述，我们可以从明清时期风俗画中了解当时江南城市景观建筑在建筑结构、材料、技术、装饰等各方面的新发展，并从中得出其具备协调、大气、精巧、自然之美的美学特征，从而让我们对明清时期江南城市建筑景观设置的一些原则和技巧都有所了解。这既有利于我们对明清江南景观风貌和历史文脉特征的把握，对城市建筑遗产保护及城市景观规划设计也有一定的参考意义和价值。

城乡空间中的园林风物

——沈周及其《东庄图》

沈周为好友吴宽绘制的《东庄图》册页，是现存最早的明代园林图像之一。在明中期商业化与经济资本极大丰富的背景下，园林作为私人地产，不仅为拥有者财富、身份的象征，同时园林作为文人雅集的重要场所，也具有标榜社交层级、交游范围的文化资本象征意义。

东庄与《东庄图》

“东庄”又名“东墅”“东圃”，原是吴越时期广陵王宴集宾客之所。吴越灭国后，变为民居，园景偶存。元末明初时期，吴宽之父吴融在“东圃”废址建园，更名“东庄”。

据吴宽《先考封儒林郎翰林院修撰府君墓志》所载，吴宽年少时，“所居城东遭世所故，邻之死徙者殆尽，既荒落不可居，乃徙今集祥里……府君既以勤俭谨畏拓其家以大，而城东旧业未尝一日敢忘而不经理之。晚岁益种树结屋为终老之图，因自号东庄翁”①。城东是吴家世居所在，吴融建立东庄，是为了缅怀旧业，重建与祖先间的联系。

成化十一年（1475 年），吴宽请好友李东阳作《东庄记》，纪念先考：

① 吴宽：《匏翁家藏集》（卷六一），上海：上海书店，1989 年，第 3 页。

苏之地多水，葑门之内，吴翁之东庄在焉。菱壕汇其东，西溪带其西，两港旁达，皆可舟而至也。由凳桥而入，则为稻畦，折而南为桑园。又西为果园，又南为菜圃，又东为振衣台，又南西为折桂桥。由艇子浜而入，则为麦丘，由荷花湾而入，则为竹田。区分络贯，其广六十亩。而作堂其中曰“续古之堂”，庵曰“拙修之庵”，轩曰“耕息之轩”，又作亭于南池曰“知乐之亭”，亭成而庄之事始备，总名之曰“东庄”，因自号为“东庄翁”。庄之为吴氏居数世矣，由元季逮于国初，邻之死徙者十八九，而吴庐巍然独存……成化己未秋七月既望，翰林院侍讲李东阳书①。

《东庄记》开篇首先描述东庄的地理位置，接着介绍东庄景点，然后又讲述吴融的人品事迹。“东庄翁”吴融本就有贤名，但东庄从一处私人地产衍变为一个文人慕风而来、曲水流觞、吟诗作赋的文化性庄园，自然少不了吴宽的经营和影响力。

吴宽（1435—1504），成化八年（1472）科考状元，官至礼部尚书。作为明朝苏州地区的第二位状元，吴宽是吴中学子争相拜谒、寻求庇护的对象，他的名望与地位自然也更为东庄增光添彩！

沈周所作《东庄图》，现共二十一开，右书左图，藏于南京博物院。董其昌在册页后有两段题跋，第一段题跋指出该册页是沈周为吴宽所作，并且篆书为李应祯所书；第二段题跋则指出沈周所作《东庄图》原为二十四幅，后“因官长兴失之”，只剩下二十一幅，且沈周的长跋也已散失。现存二十一页依次为：一、东城；二、西溪；三、南港；四、北港；五、朱樱径；六、麦丘；七、艇子浜；八、果林；九、振衣冈；十、桑州；十一、全真馆；十二、菱濠；十三、拙修庵；十四、曲池；十五、折桂桥；十六、稻畦；十七、耕息轩；十八、鹤洞；十九、竹田；二十、续古堂；二十一、知乐亭（见图 5-1 至图 5-21）。

---

① 李东阳：《东庄记》，钱穀编《吴都文粹续集》（卷十七），《文渊阁四库全书》第 1385 册，上海：上海古籍出版社，第 440 页。

图 5-1　明　沈周　东庄图——东城

图 5-2　明　沈周　东庄图——西溪

图 5-3　明　沈周　东庄图——南港

图 5-4　明　沈周　东庄图——北港

图 5-5　明　沈周　东庄图——朱樱径

图 5-6　明　沈周　东庄图——麦山芝丘

图 5-7　明　沈周　东庄图——艇子浜

图 5-8　明　沈周　东庄图——果林

图 5-9　明　沈周　东庄图——振衣冈

图 5-10　明　沈周　东庄图——桑洲

图 5-11　明　沈周　东庄图——全真馆

图 5-12　明　沈周　东庄图——菱濠东濠

图 5-13　明　沈周　东庄图——拙修庵

图 5-14　明　沈周　东庄图——曲池

图 5-15　明　沈周　东庄图——折桂桥

图 5-16　明　沈周　东庄图——稻畦方田

图 5-17　明　沈周　东庄图——耕息轩

图 5-18　明　沈周　东庄图——鹤峒

图 5-19　明　沈周　东庄图——竹田

图 5-20　明　沈周　东庄图——续古堂

图 5-21　明　沈周　东庄图——知乐亭

《东庄图》以水为重要元素，将东庄之神韵完美地表现了出来。《东城》一图以粗放的笔触对吴氏旧业所在的城东景色做了阔笔描绘；《稻畦》《果林》《麦山》则分别是对稻田、果林、麦田进行的细密且繁复的细致刻画；《折桂桥》则描绘了折桂时节小桥流水的独特景色；《续古堂》描绘的是深藏于树林间隐秘而幽静的祠堂，笔触庄重正式；《曲池》表现了初秋时节溪流入池，水中青草绿波与出水莲荷相映成趣的宜人景色；《桑州》与《鹤洞》描绘了池水桑林处小小的景观与园林围墙处的景观，两景互相依存，相映成趣。

从《东庄图》的细节之处可以看出沈周熟知东庄的美景，并充分感知东庄之美感，同时在创造绘制的过程中融入了自身浓厚的情感，突出了东庄亦“庄”亦“园”的特色，既展现了东庄的自然景观之美，也突出了东庄的人文主义的感情。虽无确切纪年，但单国强认为：“然圆润劲健的用笔，明丽清雅的设色，以及景致构图虽趋简单，但以双勾法绘的夹叶树木细部仍很精微等画法，已显示出由细变粗、由繁趋简的过渡面貌，故属中年杰作。”①

社交场域

明代之后，私人园林数量远迈前代。在明代的价值体系中，专业化并非获取社会地位的途径，文化创作方面更是如此②。创作者除了具备成为“名家”的专业能力之外，还需要擅长社交艺术，利用数代累积的社会资源交游，积累而成的结果就是其在世的社会地位和名望。他可能具有多重身份，而并非后人看到的仅仅作为某一专业“名家”。我们也有理由相信，对于沈周而言，其各种身份在时间的长河中都要经历一个逐渐删减的过程，最终更得以长存的则是其“吴门画派”创派宗师的身份。

沈周和吴宽，同为吴中文人集团中的领袖人物，地缘之便是他们建立关系的重要方式。这个文人集团是苏州文化场域下的产物，他们作为精英的代表，具有一种集体主义性格，通常包括相同的价值意识和社会活动目标。他们也大多具有重合的人情脉络，在社会网络中又有一套自己的交流体系来维持自身的精英属性：会晤、雅集、旅游、应酬、鉴赏、共同创作、付梓等。这种共同的生活情感体验，深深加强了文人集团内部的联系，同时在与其他网络交错的过程中，又增强了集团或个人影响力。

吴宽虽常居京师，但与吴中文人始终保持着密切联系。《罪惟录》中称吴宽虽身居高位，但折节下士，布衣沈周因他而得名。这句话暂且不去细究，但无可厚非的是，吴宽确实是沈周社交网络中关键的一环。世人知晓吴宽喜爱沈周的绘画，人们有求于吴宽，便找沈周求画。

① 单国强：《古书画史论集》，北京：紫禁城出版社，2002 年，第 177-179 页。

② ［英］柯律格：《雅债：文徵明的社交性艺术》，刘宇珍、邱士华、胡隽译，北京：生活·读书·新知三联书店，2016 年，第 194 页。

沈周与吴宽的交游从何时开始已不可考，但从现存于世的材料中我们可以将其交游情景还原一二。成化十年（1474），沈周曾访吴融于东庄。成化十一年（1475），融得疾。成化十二年（1476），沈周重访东庄，时吴融已故，吴宽在家服丧。吴宽在家服丧期间，沈周曾多次拜访东庄，与吴宽兄弟畅谈甚欢，并留有《雨夜止宿图》《雨夜止宿吴鲍庵宅》诗。成化十五年（1479），沈周为吴宽还京送行，精心绘制了《赠吴宽行图卷》并题长诗，作为临别赠礼。诗中极力赞美吴宽之才情与修养，期许他以天下苍生为念，前路任重而道远。之后，沈周因思念远在北京的挚友吴宽，追忆往昔出游，绘制仿宋元各大家笔意之作，远寄京师。吴宽感动地说：此册自吴门远至京邸，无论画之精工，即交情亦不可多得也。弘治丁巳年（1497）春末，吴宽服母丧返京时，七十一岁的沈周与六十三岁的吴宽离别，沈周将吴宽送至京口，途中两人赋诗唱和，沈周作《京口送别图》为赠，谁料想这幅图竟成了两人生离死别的纪念物。

通过上面的材料可以看出，沈、吴二人交情匪浅，朋友的功能之一就是彼此宣传①，借由朋友增加与其他社交网络的交错，扩大自己的影响力。寺庙道观、高山流水、私家园林等一些独特类型的文化空间通常充当着文人们的社交活动场合。在吴宽独占鳌头后，东庄更一时名噪江南，成为文人们争相拜访的胜地和雅集会晤之所。在一次次的吟诗作对、礼尚往来之中，文人们营造着理想中的生活情境，彼此间的纽扣更加牢固紧靠。沈、吴二人的友谊也在相互送往中持续升温。

在沈周经营的社会网络中，艺文交流的互动方式是其关键机制。有学者认为苏州地区文人制作的山水画，大多是在朋友聚会的场合制作且借由赠予进行着某种交换；在以诗书画往来作为媒介编织而成的社会网络中，发挥诗书画的社会功能，自然是文人群体的当行本色②。除了描绘纪实，保存参与者共同记忆的功能外，在传统中国重视以“礼尚往来”来维持人

① ［英］柯律格：《雅债：文徵明的社交性艺术》，刘宇珍、邱士华、胡隽译，北京：生活·读书·新知三联书店，2016年，第68页。

② 罗中峰：《沈周的生活世界》，中国美术学院博士论文，2001年，第91页。

际关系与情感交流的社会中，也因诗书画“应酬”功能的介入，呈现出一幅风雅之貌①。文徵明在为沈周作的行状中提到，沈周是在致力于学问之余才赋闲情作画的。绘画之于沈周来讲，大抵游戏之举。这也从侧面证明，沈周的绘画多具有作为礼物的社会功能。通常其制作精细程度与受赠者的身份、名望，以及与作者情感羁绊深浅呈正相关，受赠者与赠予者纽带越紧密，这类应酬交际之作作为文化资本的象征意义也就会越大。

现下已无法判断沈周所作《东庄图》的具体时间是在吴宽在吴地服母丧期间，还是服丧后返京与沈周离别的近二十年时间里因思念沈周而为之所作。但不可否认的是《东庄图》具有的纪念性和象征意义。赞美室庐就是在称赞其屋主，正如李东阳所作《东庄纪》是为了歌颂吴宽之父的高洁人品一样，沈周所作的《东庄图》也具有赞颂吴氏家族的意义。正如图册第一幅是《东城》一样，沈周用几个简单的元素——城墙、小河、桥梁、人家来告诉观者这里即吴家旧业所在。而在《续古堂》一幅中，位于画面中央的是在堂中间的吴宽先考的画像。“续古堂”之名在吴融身前即存在了，连接的是吴融和他的先辈；而在《东庄图》中续古堂将吴宽与其父亲吴融联系了起来②。尽管屋主可能远离其居所，但这些地产仍然在社会网络中扮演重要角色。当远在京师的吴宽翻阅起图册时，不仅能回忆起其居所的点滴，同时也唤起故友情谊。

诗意栖居

园林出现之初即拥有了山水的某些精神，士大夫有林泉之志、烟霞之侣、遁世之高情，却不得摆脱世俗，所以因地制宜、叠山理石，将山水之情纳入一园之中。沈周终生不仕，始终以儒生的姿态自居，追求独善其身的内圣之路。在足不出户即得山水之趣的园林中举行雅集，以文会友，自是人生一番乐事。

---

① 石守谦：《沈周的应酬画及其观众》，《从风格到画意：反思中国美术史》，北京：生活·读书·新知三联书店，2015 年，第 227-242 页。

② 吴雪彬：《城市与山林：沈周〈东庄图〉及其图像传统》，中国国家博物馆馆刊，2017 年 1 月。

沈周的别业叫“有竹居”，有竹居和东庄一样是著名的文人雅集场所。“客至，则相与�笑咏歌，出古图书器物，摸抚品题，酬对终日不厌。”①成化戊戌年（1478）二月十六日吴宽来访，沈周出所藏林逋手札二帖与观，吴题诗与跋于后。十八日，吴宽再至有竹居，沈周命子云鸿出商乙父尊及李成、董源画与之共赏，并出示其《积雨小景图》由吴宽题以七律一首②。在有竹居里，沈周与文人墨客们浅酌低吟、畅叙幽情、泛舟观山、澄怀论道，肆无忌惮地营造自己的艺术空间。

东庄和有竹居发挥着同样的社会功用，不难想象沈周在绘制《东庄图》时，也掺杂着有竹居在心田的投影，笔触不自觉地描绘着心之所向的理想栖居。起居功能只是园林要满足的最基本需求，园林还要似山水画般可观、可游，要有充满诗意的审美体验和对生命的关怀。

成化十年（1474）沈周拜访东庄时，吴融接待了他。东庄一派水木清辉的景象，地静人闲恍若隔世。瓜果熟时可供路人解渴，稻畦收后更要慰藉挨饿的邻里。远离庙堂之高的沈周见到这番景象也会羡慕屋主的生活境况，何况他家公子已经身着朝衣、位居高位③。沈周再次拜访东庄时，屋主人已经故去。吴宽守丧期间，沈周多次造访东庄。在一次尺牍邀约中，沈周兴致勃勃地奔赴东庄，丝毫不管雨中的泥路会弄脏双足。吴宽在信中要求沈周留宿东庄，好一叙老友的思念之情。东庄“开门山林在城市，湿绿如云亚群竹”，老友为了招待沈周，“榻上为我设衾枕，堂中为我罗酒肉”。两人把酒言欢、长谈细辩，不由感叹人生一瞬，下次终不可期④。

---

① 王鏊：《石田先生墓志铭》，《震泽集》（卷二十九）。

② 陈正宏：《沈周年谱》，上海：复旦大学出版社，1993 年，第 140-141 页。

③ 陈正宏：《沈周年谱》，上海：复旦大学出版社，1993 年，第 120 页。《东庄为吴匏庵尊翁赋》：“东庄水木有清辉，地静人闲与世违。瓜圃熟时供路渴，稻畦收后问邻饥。城头日出啼鸟散，堂上春深乳燕飞。更羡贤郎今玉署，封恩早晚着朝衣。”

④ 陈正宏：《沈周年谱》，上海：复旦大学出版社，1993 年，第 140 页。《雨夜止宿图诗跋》：“雨中客舍苦局促，故人招我有尺牍。书云竹居可闲坐，烹茶煎韭亦不俗。得书径往兴亦豪，何虑泥街涴双足。开门山林在城市，湿绿如云亚群竹。主人磬折故意深，道慰契括需信宿。榻上为我设衾枕。堂中为我罗酒肉。我时肺病已绝饮，强举一觞连五六。长谈细辩困仆夫，灯影檐花乱诗屋。羡君有弟雅谊同，山水光明信珠玉。故事方思卫八家，还咏逍遥堂后木。人生良会岂易得，他日如今又难卜。写画题诗纪一时，雪泥聊尔知鸿鹄。”

沈周在其《四十二岁像赞》中题写："活一年，耕一年田，以为亲养。存一日，读一日书，以为自娱也欤。"耕田养亲、读书自娱，正是沈周的理想生活场景。《东庄图》中，有稻畦、麦山、竹田、果林、西溪、曲池、菱壕、桑州，还有小桥、山坡、曲径、渡口，沈周对这些场景的构建正是自己内心深处情感的表达。作为一名儒者，沈周希望传世的是高洁的人品。在东庄这座园林中，《东庄图》中的这些景致已经足够唤起人们对园主德行品操的赞扬。沈周采撷的每一帧景都具有诗意，不仅是宜居之所，也是个性情趣的表达；既满足了心灵的栖居，又得以对现实世界进行观照。

"篱落水边，幽花杂卉，乱石丛篁，随风摇曳，无处不是诗意，亦无处不是画意，只是有待慧眼慧心人随意拾取之耳，惟诗人而兼具画家者，能得个中至致。"① 沈周真是这样的发现者。《东庄图》得之于东庄，却在东庄之外。吴宽的《匏翁家藏集》也留有多首咏东庄的诗，与《东庄图》遥相唱和。

"旧业城东水四围，同游踪迹近来稀。结庐不必如城市，只学田家白板扉。"从吴宽的诗中我们可以看出吴氏的山水之情、田园之趣。吴氏旧业原在东城，但城东居所已经荒落不可居住。或许正如《东城》所画，东城已被隔离在城市之外。不在城中又何妨，把居所安在这块田家对吴宽和沈周来说更得怡然之乐。城市太过繁华与嘈杂，反不如东城的悠闲与清静，这也真是《东庄图》营造的整个意境。

"折桂桥边旧隐居，近闻种树结茆庐。如今预喜休官日，树底清风好看书。"折桂桥边曾是吴宽的居所，幽静安宁。吴氏盼望解甲归隐之时，就在桥边树下沐浴着清风读书。沈周绘制的《折桂桥》正是这样的场景，桥边高树与室庐，一人折桂而返。无法隐逸出世，才更需要建造一座园林，它在城市之中却不属于城市，得以安度艺术家们的心灵。

---

① 潘天寿：《潘天寿话语》，上海：上海人民美术出版社，1997 年，第 10 页。

世外桃源

沈周自称"田间快活民"。像《东庄图》中的《耕息轩》一样，沈周的山水图卷中经常描绘这些场景：农家坐落在水畔湖边，茅屋掩映于杂树柳荫之中，山坡果林飘香，农田生意盎然，有老者临清流而赋诗。沈周歌颂这种生活："旷哉爽凯地，非彼背郭堂。亦无山障门，杂树惟两傍。草木得先气，禽鸟鸣初阳。摊书就前荣，薰风穆而凉。曝背悦温燠，思以献吾皇。况有贤子孙，教之趋明光。眷兹寔乐土，更适无他方。"这样的乐土就是沈周眷恋不舍的地方，再无其他地方。沈周在《耕读图》上题道："两角黄牛一卷书，树根开读晚耕余。凭君莫话功名事，手掩残篇赋子虚。"这些图卷正是沈周对理想生活追求的表达，对耕读隐居般农家生活的热衷也贯穿了沈周的整个艺术生命周期。

沈周还想化身为"渔父"，卖鱼沽酒，清游于江河之上，徜徉于天地之中。沈周曾多次绘制过与"渔父"主题相关的图画，也多次在与"渔父"有关的图卷上题诗。除了隐居精神，对自由的追求也是沈周生命精神中重要的表达。"渔船两叶天地间，翻觉船宽浮世窄。""渔父"具有隐逸的超然姿态，自得江湖之乐。最重要的还是"渔父"具有"游"的精神，在江海之中，没有拘束，没有牵挂，天地任此一人逍遥。在《东庄图》的《西溪》《北港》《南港》多帧中，沈周绘制了大面积的水景，其中必然有沈周对自由精神的表达。没有渔舟，但渔舟自在沈周心中。

面对生命无常和时间流逝的焦虑，沈周在自己构建的艺术世界中体悟着生命的真谛，寻找慰藉和解脱。他在八十一岁所题像赞中感叹道："死生一梦，天地一尘，浮浮休休，吾怀自春。"又在八十三岁时题道："生浮死休，似聊尽其全。陶潜之孤，李白之三杯酒，相对旷达犹仙。千载而下，我希二贤。"陶渊明、李白超然旷达的生命态度正是沈周效法的对象。寓形于宇内，以及时行乐、随遇而安的心态超脱出生命的困境，乐于在天地间"偷生"，也正是沈周生命观的最终呈现。正如沈周在《振衣岗》中的表达：一男子傲立山巅，振衣而歌，山下溪流涓涓、清风徐徐，遗世而独立！

田家、渔父生活是沈周安居之所期，但沈周肩负的重责注定这些只是个遥远的梦想。他只能在自己的艺术空间里不断践行这一意图，描绘他心目中的桃花源。和园林的构建一样，沈周在图像世界中对意境的营造也独具匠心、颇有巧思。孤山野水，远岸近渚，农田屋舍，曲径小桥，杂树矮坡，沈周用自己的生命态度营造着山水之境、田园之境、园林之境。

沈周的思想中也透露着他的现实主义态度和人文主义精神。在《桃源图》中，沈周题道："啼饥儿女正连郇，况有催租吏打门。一夜老夫眠不得，起来寻纸画桃源。"① 邻里百姓饱受饥饿之苦，还要面对官府的催租缴粮，作为"同是天涯沦落人"的沈周面对此境也无计可施，只得在画中寻求桃源避世。"移家去，桃源住。万树桃花塞行路，楚人吹起咸阳炬，何曾烧着桃源树。老翁尚记未焚书，诸孙尽种无租地。自衣自食自年年，扰无官府似神仙。一时落赚渔郎眼，犹怪为图与世传。"在沈周营建的这个世界里，民风淳朴，邻里和睦，百姓丰衣足食，没有官府叨扰。这个桃源世界，谁不向往呢？

在《东庄图》中，《全真馆》《拙修庵》《耕息轩》《知乐亭》《鹤洞》的描绘，正是沈周对这一生活形态的一再强调！隐居与渔农合二为一，在园林和自己的艺术世界里营建这种生活，真是不得已下的折中之举。在这种情境下，可以在"知乐亭"中闲观池鱼之乐，"振衣岗"上慢看闲云野鹤；在"菱濠"里泛舟采菱，"拙修庵"中烹茶修书，听"全真馆"中仙音袅袅。在《东庄图》的世界里，沈周安放了对现实世界的观照和内心世界的满足。

综上，《东庄图》的构建属于沈周社交网络的一部分，一方面它有维系感情之用，另一方面也具于纪念、展示、交流的社会功用意义。同时，《东庄图》中充满逸情高志的描绘，正是沈周豁达、超然生命态度的表达；充满农耕和渔隐之乐的场景正是沈周安放心灵的理想居所。最终在《东庄图》中，沈周在现实世界的困苦之情得到了释放，隐遁之情在东庄中得到了统一。

① 沈周：《题桃源图》，《沈周集》，杭州：浙江人民美术出版社，2013年。

明代文人的园林生活

中国古代士人园林建筑，自魏晋隐逸避世思想蔓延开来时，便开始长足发展。至南北朝时期则更具文人化气息，但所筑园林大多仍以满足居住与审美的追求为出发点。若要深究园林与文人生活的精神共鸣层面，仍需从明代园林开始谈起，而这又当首推晚明时期的江南文人园林。

明代文人园林由来

何为“文人园林”？随着明代经济、文化的高度发展，有能力造园的士人越来越多。过去可以表彰自己社会身份的财力和活动，都逐渐失去了士人阶级所独有的社会意义。文人园林，就是在这一背景下产生的。士人阶层以此用来彰显自己的精英身份，并将其作为自身最终的精神归属（见图6-1、图6-2）。

图 6-1　上海豫园①

图 6-2　南京瞻园②

① 童寯:《江南园林志》（第二版）典藏版，北京：中国建筑工业出版社，1984 年，第 161 页。
② 童寯:《江南园林志》（第二版）典藏版，北京：中国建筑工业出版社，1984 年，第 167 页。

文人通过将自然山水赋予园林之中，打造与世俗不同境界的“雅园”，并以此作为其展示与社交的平台，同时在行为上强调文人相对独特的身份意识。有学者指出：

晚明士大夫构建自己的消费文化时，塑造品味的核心观念就是“雅/俗”的对立与辨证。这样的观念出现，很明显地就是为了与一般人做区隔，来凸显士大夫群体的身份地位①。

文人园林的繁荣，不仅源自士人阶级对自身文化认同感的迫切需求，还要归功于明代“叠山师”的兴起。山匠之称见于宋，花园子见于明初，石工见于明末清初②，由“匠”到“工”的演变，足以说明主导园林建筑的设计者身份与地位的变化。自唐代以后，赏石、叠石之风便盛行，叠山这一职业首先出自宋代。徽宗的爱石之癖，带动了当时园林叠石的时尚之风，但此时的叠山者，仅限于园林假山的堆砌，并没有上升到整个园林空间构建的层面，直到有关明朝中叶园林记述的文献中，“山师”“妙手”的称呼才多见起来。

其中关键的原因，在于明代社会对“雅”的追求，这种追求也上升到了园林建筑的竞争之中。对叠山的要求与文人绘画无异。欲在自家园中展现出山水飘渺的至雅境界，不仅需要创作者高超的技能，还需要其具有高洁的品行与修养。叠山者不再是单纯的匠人，转而由文人担任；工作的内容也不再是单纯的叠山植木，而转为规划整个园林建筑与景观，由此称谓与地位均发生了转变。关于叠山师在园林设计中的话语权，计成的《园冶》中曾提及：

世之兴造，专主鸠匠，独不闻三分匠、七分主人之谚乎？非主人

① 巫仁恕：《品味奢华：晚明的消费社会与士大夫》，北京：中华书局，2004年，第309页。

② 李斗：《扬州画舫录》（卷二、七、十二），北京：中华书局，2007年，第40、171、270页。

也，能主之人也。古公输巧，陆云精艺，其人岂执斧斤者哉?①

叠山师在当下看来更像是建筑设计师与景观设计师的结合，在园林整体设计中具有主导权，为规划设计中的“能主之人”。其中的代表，首推《园冶》的作者计成，虽然其筑园技艺与其他杰出的叠山师可能相仿，但计成撰写的古代园林文献资料让其他园林名家难以望其项背，奠定了其在园林史上的关键地位。除计成之外，张南阳、张涟也为明代叠山大家。张南阳的代表作品包括江南名园上海潘允端的豫园、陈所蕴的日涉园和王世贞的弇山园②；张涟可确认的江南园林作品达 12 处。这些叠山大家所筑园林之主多为文宗名家，士人的典型代表，如郑元勋、陈所蕴、谈迁、吴伟业、黄宗羲等③，多曾为叠山师作传并留有诗文往来。

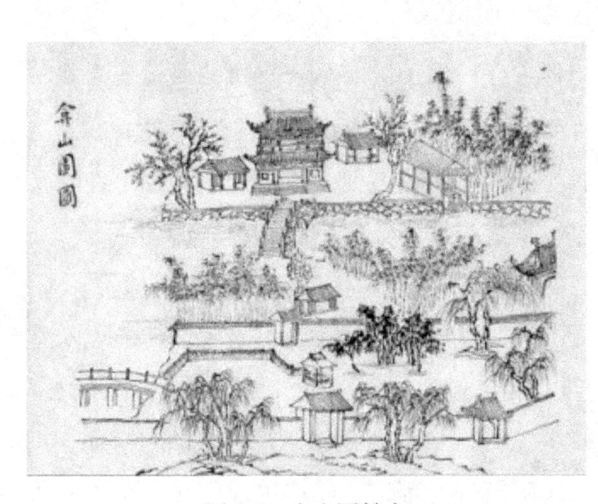

图 6-3　弇山园粉本

由文人任职的叠山师，改变了南北朝时期局部雕琢的园林设计手法，园主关于宅院的设想可以直接与叠山师通过“粉本”（见图 6-3）的形式相互交流，设计手法发生了根本性的改变，进而为文人园林的兴盛埋下了伏笔。叠山师的“粉本”设计，在清初吴伟业作《张南垣传》中有过详细的描述：

---

① 计成：《园冶》，重庆：重庆出版社，2017 年，第 2 页。

② 喻学才：《中国历代名匠志 · 明代名匠》“张南阳条”，武汉：湖北教育出版社，2002 年，第 248 页。

③ 康格温：《〈园冶〉与时尚，明代文人的园林消费与文化活动》，桂林：广西师范大学出版社，2018 年，第 158-159 页。

经营粉本，高下浓淡，早有成法。初立土山，树石未添，岩壑已具，随皴随改，烟云渲染，补入无痕。即一花一竹，疏密欹斜，妙得俯仰。山未成，先思著屋，屋未就，又思其中之所施设，窗棂几榻，不事雕饰，雅合自然①。

士人阶层对园林文人化的极致追求和叠山师的兴起，为明代文人园林走向繁荣奠定了基础，文人园林也由此在古代园林建筑史中形成独特的流派。追思寻源，文人园林仍是物质的附庸，士人欲宣扬的文人精神才是文人园林的精髓所在。明代文人园林作为士人阶层的一个理想化平台，逐步演变为文人生活与文人精神衍为一体的世外桃源。

明代文人园林生活

南宋之后，旧朝精英阶层南迁，江南地区开始大兴筑园之风。明初国家定都应天府（今南京），江南地区因其风光秀丽与交通通达之便，成为文人隐居避世的首选位置。定居江南地区既可方便文人之间的相互走往，又便于他们奔赴应天府述职，这也是为何只有江南地区园林兴盛的原因。文人们理想化的生活情境离不开聚集的文人群体，文人群体也就造就了江南文人的园林建筑群。江南文人园林，对于明代文人而言是生理与心理双重的迎合，正合于《梦泽集》中“君子之道，居心为上，居身次之”② 所言。

对明代文人园林生活的探究，可以从文人园林建筑切入。明初期，扬州因其南北交通枢纽位置成为江南第一大都市，同样也成为文人筑园的首选地域。计成曾于崇祯七年（1634）在扬州为郑元勋建造“影园”，据《影园自记·题解》所述，其园因郑元勋“胸有成竹，故八月粗具”③，由此也可见文人园林并不是完全由叠山者规划设计的，园主往往会在心中自

① 吴伟业：《梅村集》（卷三十八）《张南垣传》，《景印文渊阁四库全书》第1312册，第398页。

② 王廷陈：《梦泽集》卷十五《善居》，《景印文渊阁四库全书》第1272册，第646页。

③ 郑元勋：《影园自记·题解》，陈从周、蒋启霆编《园综》，上海：同济大学出版社，2004年，第89-92页。

拟出园林朦胧的模样（图 6-4）。

图 6-4　影园

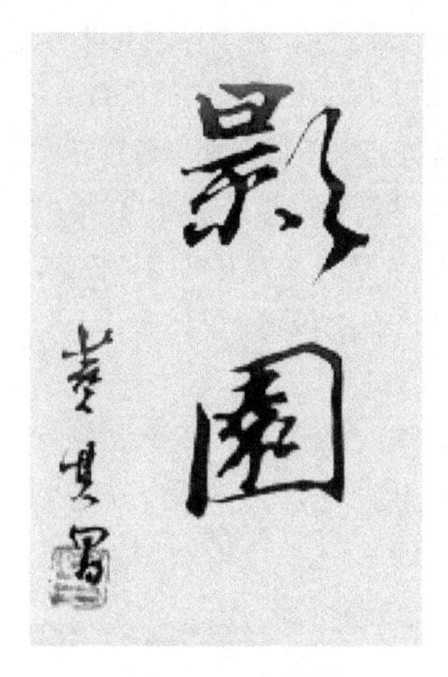

图 6-5　董其昌题字

郑元勋，明代典型士人阶层，其父郑之彦（1507—1627，字仲隽，号东里）为扬州郡秀才，李斗言其“明利国通商之事，比之盐筴祭酒”①。郑元勋有兄弟四人且皆在扬州筑园，属于扬州地方士绅家族，对地方事务有很大的影响力。郑元勋舍身救城的故事也在扬州地区广为流传。“影园”即郑元勋在功名失利之后所构想的读书之所，位于明时扬州旧城西城墙外南湖中的长屿之上。李斗曾对影园的位置与命名做过详细记载（见图 6-5）：

影园在湖中长屿上，古渡禅林之北，旁为郑氏忠义两先生祠，祠

① 李斗：《扬州画舫录》（卷八）《城西录》，北京：中华书局，2007 年，第 179 页。

祀郑越宗、赞可二公。园为超宗所建。园之以影名者，董其昌以园之柳影、水影、山影而名之也。公童时，其母梦至一处，见造园，问谁氏，曰“而仲子也”。比长，工画。崇祯壬申，其昌过扬州，与公论六法。值公卜筑城南废园，其昌为书“影园”额①。

影园巧妙地利用了长屿的地形水势，并使用园林中常用的“借景”手法。郑元勋曾记：

前后夹水，隔水蜀冈蜿蜒起伏，尽作山势，环四面柳万屯，荷千余顷，萑苇生之。水清而多鱼，渔棹往来不绝，春夏之交，听鹂者往焉。以衔隋堤之尾，取道少纡，游人不恒过，得无哗。升高处望之，迷楼、平山皆在项背，江南诸山，历历青来，地盖在柳影、水影、山影之间，无他胜，然亦吾邑之选矣②。

由此可见，影园与绝大多数江南园林相比较为特殊，并不是画地筑园，风光大多在院内，只有部分远山借景。计成巧妙地利用长屿“前后夹水”的自然环境，将宅院融入园林，两侧的湖面风光与两岸的岸堤春色皆在园内，乃至凭栏远眺，“江南诸山”都尽收眼底。更巧妙的是穿插园中的水面反射出与秀色相互映衬的倒影，将文人绘画中淡雅的境界发挥到了极致，不愧董其昌所题写“影园”之名，既点明园中秀色的臻美，又暗喻郑元勋的山水之乐。

影园便是士人阶层追求文人园林的典范之作，影园建成之际，因董其昌的题名，且赋诗文者皆为文宗大家，故名声大振，成为江南文人们心驰神往之地。至此，文人园林生活的前提条件已经达到，影园已然成为满足居住需求、迎合主人审美，并组织文人活动的绝佳场所。

① 李斗：《扬州画舫录》（卷八）《城西录》，北京：中华书局，2007年，第175页。

② 郑元勋：《影园自记》，陈从周、蒋启霆编《园综》，上海：同济大学出版社，2004年，第89-90页。

崇祯十三年（1640）①，郑元勋在影园举办了著名的姚黄花文会宴，托益友冒辟疆请来钱谦益作评委，并以一双镌刻“黄牡丹赏最”金爵为首奖，一时间传为美谈。坊间有言：“过广陵而不识郑超宗先生者，人以为俗不可医。”钱谦益称：“此亦承平盛际，唐人擅场之风流也。”②

关于姚黄花文会宴的诗作数量，当事者冒襄有云：“客夏寓郑超宗影园，开黄牡丹一朵，同黎美周、万茂先、徐巢友、陈百史涉江，诸兄分咏，一时争赋百余章。”③ 黄牡丹状元被黎遂球作诗十首所得。诗会起初只是以黄牡丹会诗人，并无“黄牡丹状元”一设，由金爵内的“黄牡丹赏最”便可得知。榜首黎遂球恰好因科场失意游历至此，故徐子能赋《黄牡丹状元》诗，一时呼黎遂球为黄牡丹状元，并以花轿游行于二十四桥。联想到郑元勋同是科场失意之士，黎遂球颇有慰藉之意。黎遂球所作《影园赋》被收录在今嘉庆《扬州府志》中，其余诗文后由郑元勋编入《瑶华集》（见图 6-6）。至民国时期，影园虽然已成废墟，但黄牡丹诗会仍为后人模仿，可见文人园林活动的影响之深刻。

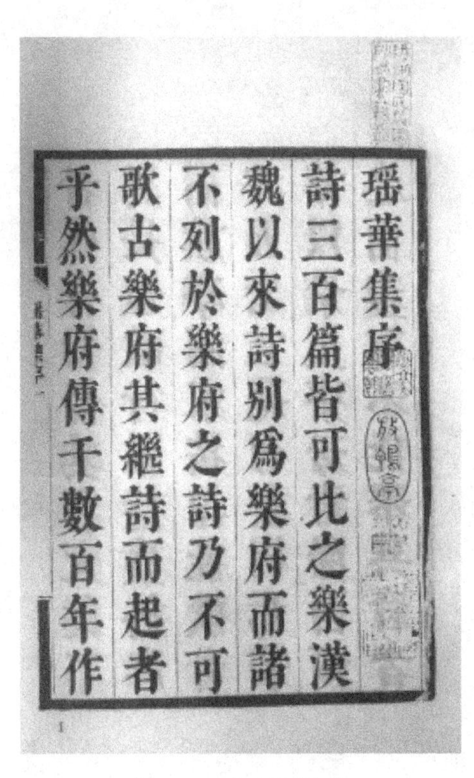
瑶華集序
詩三百篇皆可比之樂漢
魏以來詩别爲樂府而諸
不列於樂府之詩乃不可
歌古樂府其繼詩而起者
乎然樂府傳千數百年作

图 6-6　《瑶华集》④

姚黄花文会宴是典型的文人

① 葛万里《牧斋先生年谱》云：“十三年庚辰五十九。春移居北郭，夏广陵郑超宗元勋以黄牡丹诗送先生品定。”今人以持此说者为多，如黄裳先生之《影园遗事》。

② （明）钱谦益：《牧斋有学集》卷二十《徐子能黄牡丹诗序》，《续修四库全书》第 1391 册，第 194 页。

③ 冒襄：《影梅庵忆语》，呼和浩特：内蒙古人民出版社，1997 年。

④ （清）蒋景祁编：《瑶华集》，北京：中华书局，1982 年。

园林活动，也是“雅园”区别于“俗园”的重要标志。文人园林生活的基础是园林建筑，而文人园林精神的抒发则来自园林活动。这也是用来保障文人精神寄托的一种方式，让文人园林生活远离犬马声色与附庸风雅，扬文人之名。不论是科场失意或是官场得意的文人，筑园都自诩追求隐士精神，却无一真正避世。“人以会显、园以会名”，文人园林只是当时文人为自己筑造的理想化家园，身处园中，无一例外地都希望自己功名远扬，这便是文人园林生活所向往之境。这一点在郑元勋的《影园自记》中也有提及：

> 人即乐为园，亦务先其田宅、功名，未有田无尺寸、宅不加拓、功名无所建立，而先有其园者；有之，是自薄其身而隳其志也。①

从“自薄其身而隳其志”可见，文人对功名的追求始终是第一位的，若只知经营园林，则为玩物丧志。诸多园主在自己的园林记文中，同样也会强调家族与自身的功名，以此与“俗园”相区别。对功名的渴望，让书香气息成为文人园林的标志之一。

如前文所述，扬州之所以成为明代重镇，原因之一就是其便利的交通条件。文人多在此建园，便于相互走动，由此便涉及文人园林生活的另一方面——访客。文人园林的书香气息与讲学风习需要文人之间相互来往，文人园林对访客的要求可谓是“客非佳流不得入”②，此举也有意将俗人隔于园外，保证园内书香之气不被世俗所污。来往访客皆为文人，满足了士人阶层对保持自身社会地位的需求，即便当俗客不可推诿时，园主也可以避入园中幽洞。郑元勋的“影园”同样有此设计，将“室分为二，一南

① （明）郑元勋：《影园自记》，陈从周、蒋启霆编《园综》，上海：同济大学出版社，2004年，第92页。

② （明）高濂：《遵生八笺》卷七《起居安乐笺·上·居室安处条》，重庆：重庆大学出版社，1994年，第305页。

向，觅其门不得”，以“避客其中”①。

来往交游的文人，在园林中相互请教，对文人园林生活而言，是必不可缺的一环。今日江南园林可见的题额、石刻、记文，都是旧时文人雅集宴会所留。明代文人宴会，或大或小，名目往往也不同，如张益《阳湖草堂记》：

客过者，辄与谈论道德，讲求义理，商榷古今，品量人物，或焚香鼓琴，或临觞而咏，近览遐瞩，山光水色，花香树影②。

除去严肃的讲习研讨，文人园林中也有酒色、歌舞或是赏玩的宴集，其中精彩从《许秘书园记》可知：

每有四方名胜客来集此堂，歌舞递进，觞咏间作，酒香墨彩，淋漓跌宕于红绡锦瑟之傍③。

江南地区戏曲种类繁多，文人园林中戏曲乐会也是必不可少的，《不系园》曾记之：

是夜，彭天赐与罗兰、与民串本腔戏，妙绝；与楚生、素芝串调腔戏，又复妙绝。章侯唱村落小歌，余取琴和之，牙牙如语④。

由此可见，明代文人园林维系的并不是单纯的书香功名，也有生活之妙，但园内始终以雅为趣、以雅为情，贯穿了文人园林生活的全部，明人

① （明）郑元勋：《影园自记》，陈从周、蒋启霆编《园综》，上海：同济大学出版社，2004年，第91页。

② （明）张益：《阳湖草堂记》，衣学领主编、王稼句编注《苏州园林历代文钞》，上海：上海三联出版社，2008年，第191页。

③ （明）陈继儒：《许秘书园记》，衣学领主编、王稼句编注《苏州园林历代文钞》，上海：上海三联出版社，2008年，第197页。

④ （明）张岱：《陶庵梦忆》·“不系园”。

园林精神就在此一方山水之间（见图6-7、图6-8、图6-9）。江南文人园林，是文人生活与精神共鸣的最后家园（见图6-10、图6-11）。

图6-7 拙政园中游乐的鸳鸯（摄影：谭天奕）

图6-8 拙政园中的观赏盆景（摄影：谭天奕）

图 6-9　拙政园中的走廊（摄影：谭天奕）

图 6-10　网师园走廊上的排窗①（摄影：谭天奕）

① 网师园的主人在自己的书房殿春簃外的走廊上修建了一排窗。最右的含义为寒窗苦读，是园子的主人用来鞭策自己用功读书。最右的窗子在位置上，也是略低于其他窗子的，象征着主人的不耻下问。接下来的三个圆窗则象征着连中三甲，这是每一个文人都有的抱负。

图 6-11　网师园走廊尽头的窗①（摄影：谭天奕）

明代文人园林生活，与明代中叶经济、文化的空前繁荣有着千丝万缕的关系。园林满足了一般宅邸不能提供的深层次需求。王世贞认为居第只能安顿身体，唯有园林才能提供耳目之适，安顿心灵，因此主张："必先园而后居第，以为居第足以适吾体，而不能适吾耳目。"②

文人园林生活尚雅，无论是经营园林，还是游园社交，都寄托了山水之间淡泊明志的高尚情操。但论园林生活，即便是士人阶层处处避"俗"，文人园林生活还是俗雅共赏的，如《长物志》曾记：

筑基高五尺余，列级而上，前为小轩及左右俱设欢门，后通三楹，供佛。庭中以石子砌地，列幡幢之属，另建一门，后为小室，可置

① 殿春簃外走廊中的最后一扇窗子，形状很像一顶乌纱帽，这也是网师园主人作为文人的最高抱负：修身齐家治国平天下。

② （明）王世贞：《太仓诸园小记》，衣学领主编、王稼句编注《苏州园林历代文钞》，上海：上海三联书店，2008 年，第 280 页。

卧榻①。

《遵生八笺》也云：

> 佛堂内供释迦三身，或一佛二菩萨像，或供观音乌思藏鎏金之佛。价虽高大，其金鎏甚厚，且慈容端整，结束得真，印结趺跏，妙相具足，宛如现身。人能供理，亦增善念。案头以旧磁净瓶献花，净碗酌水，列此清供。昼爇印香，夜燃石灯，稽首焚修，当得无量庄严功德②。

从中可见宗教信仰依旧融于文人园林生活，文人虽忠于功名，但仍不能免俗，对可寄托希望的宗教之物与俗人无异，只不过二者心中所求不同。明代文人园林生活还有灌园之举，除了田园之乐外，也在园内自给自足。潘允端于16世纪中叶（1559）建“豫园”时，其园之西有“蔬圃数畦”，不但“每岁耕获”尚有盈余，还可“尽为营治之资”，作为自称有园林之癖的园主的营建之资，而其园林也因此“渐称胜区”③。

明代江南文人园林，在计成的文字中是不必为生活物资担忧、一心只读圣贤书的隐世之地，不论筑园于何处，都可自立一方天地。但文人也终究为人，文人园林记文虽以雅概俗，但仍逃不过字里行间的一丝烟火之气，也正是因此，才将旧时江南文人生活生动地展现在我们面前。简言之，江南文人园林生活，尚雅且留有余俗，但仍为大雅之境。

① （明）文震亨：《长物志》卷一，北京：中华书局，2012年。

② （明）高濂：《遵生八笺·供佛》，重庆：重庆大学出版社，1994年。

③ （明）潘允端：《豫园记》，陈从周、蒋启霆编《园综》，上海：同济大学出版社，2004年，第304页。

园林的空间审美

古典园林的空间美学直接来自其意境系统的整体生成。因园主多为栖息于都市的文人，有大隐隐于市的追求，此决定了造园家虽变化万千，却不离山水的“位置经营”之艺术章法。“位置经营”之法，源自南齐谢赫“六法”之一，多用于山水绘画，即把握艺术创造之大局，巧妙处理山水画的空间关系。园林建筑的空间设计也有此异曲同工之妙，但传统园林设计并非山水创作，笔墨之间稍有不慎，亦可推倒重来，而造园则要胸中有丘壑，具备充分的空间处理经验。对此，《园冶》“借景”部分便曾提及“物情所逗，目寄心期，似意在笔先，庶几描写之尽哉”，点明了“意在笔先”的设计思路。

关于古典园林的空间设计，多在建园之际，造园者与园主之间已对此有着相对明确的构思，通过园主的思想意愿与造园设计者之间的相互沟通，逐渐将园中大致意象浮于图纸。这一点类似于现代私人空间设计，造园者扮演了园主意愿的现实执行者。扬州瘦西湖“一夜造白塔”之传说，便可佐证。论及园主与造园者的关系，童寯在《造园》中指出：

> 自造园之役，虽全局或由主人规划，而实际操作者，则为山匠梓人，不着一字，其技未传。其上可追溯至明末计成著《园冶》一书，

实为造园学之鼻祖①。

我国古典园林遍及南北，北方以皇家园林居多，而南方则以私家园林见长。关于私家园林审美意境系统的技巧规律，金学智在《中国园林美学》中，关于“园林审美意境的整体生成”的问题提出了9个观点：

空间分割：方方胜景，区区殊致
奥旷交替：反预期心理的空间构成
主体控制：凝聚·统驭·辐射
标胜引景：建筑乃山水之眉目
亏蔽景深：一隐一显之谓道
曲径通幽：游览线的引导功能
气脉连贯：脉源贯通，全园生动
互妙相生：美在双方关系中
意凝神聚：主题、题名的系列化②

9个造园理论规律，系统总结出匠人在设计私人园林时，如何在微小的空间内设计布景：分而不立，别有洞天，巧妙勾连，一隐一显，攀缘穿梭，妙趣横生。

匠人的空间艺术

古典园林的空间设计大多受限于园林占地空间面积及周边环境，造园者为园主打造的园林大多遵循城市山林理论，或有少许与周边流水高山外景相结合，因地发挥已然成为匠人设计的大体思路。在微小的园林空间内，分隔布景是设计中首要的，诸多妙趣也不能尽显眼中，不然则失去了园林设计的精妙。

---

① 童寯：《江南园林志·造园》，北京：中国建筑工业出版社，2019年，第15页。
② 金学智：《中国园林美学》，北京：中国建筑工业出版社，2005年，第271页。

江南园林，多以墙垣廊庑分割，追求粉墙黛瓦，超然脱俗。梁思成曾说："大抵南中园林，地不拘大小，室不拘方向，墙院分割，廊庑分割，或曲或直，随宜设施，无固定程式。"通过层层隔离，方才能够让游园者保持对于前方未知的好奇，其中的逐层分隔也不尽然雷同，园中布景虽妙，也分一、二、三等；为照顾园内众人的生活起居，其中必然有大、中、小景之区分，每一景配合的屋室空间用途也需相得益彰，所以古典园林的分割布景设计不单单需要依托空间设计，还要依托园主的生活趣味。正如曹雪芹笔下的大观园，怡红院、潇湘馆、蘅芜苑、秋爽斋、栊翠庵、稻香村、藕香榭等院落分隔，各异的景观与不同的生活空间两两相宜，其中不可替代的个性化设计充分彰显了居住者的格调与品位。

园林空间的分隔往往也都不以平面为主。古典园林设计大多追求城市与缩微山水景观的化合，其中水体以院落桥廊加以分割，而山石、亭台楼阁因高低落差，视线的远景大大拉长，其中的分隔遮蔽必须精心设计（见图 7-1）。若过于敞开，则一览无余，视线失去指向性。园林布景在视野中

图 7-1　狮子林中楼阁、水面、石头林高低错落（摄影：谭天奕）

若不巧用心思则会过于拥挤，杂乱无章；而若处处遮蔽，则失去登高望远的趣味，让高台布景丧失功能性。关于此类设计，《金瓶梅》第五十四回中曾有细致描述：

> 循朱阑转过垂杨边一曲荼蘼架，踅过太湖石、松凤亭，来到奇字亭。亭后是绕屋梅花三十树，中间探梅阁。阁上名人题咏极多，西门庆备细看了。又过牡丹台，台上数十种奇异牡丹。又过北是竹园，园左有听竹馆、凤来亭，匾额都是名公手迹；右是金鱼池，池上乐水亭，凭朱栏俯看金鱼，却象锦被也似一片浮在水面。西门庆正看得有趣，伯爵催促，又登一个大楼，上写“听月楼”。楼上也有名人题诗对联，也是刊板砂绿嵌的。下了楼，往东一座大山，山中八仙洞，深幽广阔。洞中有石棋盘，壁上铁笛铜箫，似仙家一般。出了洞，登山顶一望，满园都是见的。

此类园林的出彩之处，不仅在于其空间的阔大，更在于造园者匠心独运的空间布局。造园者对空间“隔而不隔，界而未界”的设计与利用使园林不仅有了曲径通幽的深度，更使其具备步步见景的层次感。

此种空间分隔艺术还体现于园林内的水际空间设计。水面空间的设计往往可以虚实相间，古人善用一桥一廊，即可不同虚实程度地分隔水面。其经典设计可见扬州瘦西湖，园内水面居多且前后贯通，匠人采用不同设计而不至于景色雷同枯燥。如大虹桥，被推举为清代二十四景之一，原桥为木质红栏，故名红桥。清代乾隆年间改为石桥，如长虹卧波，故名虹桥。此为短桥。长桥如五亭桥，模仿北海五龙亭与十七孔桥而建，“上建五亭、下列四翼，桥洞正侧凡十有五”。其建筑风格既有南方之秀，也有北方之雄。中国著名桥梁专家茅以升曾评价说：“中国最古老的桥是赵州桥，最壮美的桥是卢沟桥，最秀美的、最富艺术代表性的桥，就是扬州的五亭桥了。”尤其中秋之夜，可感受“面面清波涵月影，头头空洞过云桡，夜听玉人箫”的绝妙佳境。而最为得意的桥则出自唐代诗人杜牧诗句：“青山隐隐水迢迢，秋尽江南草未凋；二十四桥明月夜，玉人何处教吹箫。”诗中“二十四桥”，由落帆栈道、单孔拱桥、九曲桥及吹箫亭组合而成，中间的玉带状拱桥长24米、宽2.4米，桥上下两侧各有24个台阶，围以24根白玉栏杆和24块栏板，板桥设计的曲折恰到好处，乃水面架桥的经典案例。

由此可见，园林空间分隔的设计是立体的，不单如纸上谈兵，园林空间布景也不为先隔后设，区域布景与整体空间分割并无先后，往往更要借景而为，才不显得刻意突出。园林空间造诣的绝妙之处大多在布景，且相互之间需做到意脉联络、多样统一，造园匠人需“意在笔先”，有全局的构思，而不至于游览线上的处处景致过于独立。童寯的《造园》提及：

> 造园之要素：一为花木池鱼；二为屋宇；三为叠石。花木池鱼，自然者也。屋宇，人为者也。一属活动，一有规律。调剂于二者之间，则为叠石。石虽固定而具自然之形，虽天生而赖堆凿之巧，盖半天然、半人工之物也①。

寥寥几笔可见造园的主要要素及性质，无论大、中、小景，或是个体景观、微型景观，都来自此要素之间，匠人需要的就是将合适的要素放入恰当的位置。这种设计，需要匠人不仅有布景设计之才，也需些许文人之格调方可。

关于造园者人文布景设计，苏州留园可为经典案例。在园内浏览池山风光、庭院情趣与奇峰异态之后，步入后庭曲廊，北部设有一个月洞门，上刻“又一村”，其院内平旷通透，篱笆树木环绕，一派安然幽静的农家小院气息。与前方华丽的楼馆厅堂、蓬岛仙苑迥然不同。此处设计与花园后的八仙洞寓意截然相反：一为登入仙境，一为采菊东篱下之田园隐居。造园者对此些空间布景往往巧妙勾连，加以一定冲突，赋予景物以外的人文含义，满足使用者的精神追求。

---

① 童雋：《江南园林志·造园》，北京：中国建筑工业出版社，2019年，第19页。

由此可见，古典园林布景犹如山水绘画，其作为一个审美整体，同样存在主宾相依、互为协调的美学关系，从而造就了中国古典园林审美意境的整体生成。清代沈元禄曾说："奠一园之体势者，莫如堂；踞一园之形胜者，莫如山。"① 其中便点明了江南私家园林最为突出的主体类型，当然，也还有瘦西湖之类水体中心环绕的特殊地形园林。"景到随机"之理论始终贯穿其中，终无固定章法。

江南园林的主体建筑，也大多以厅堂为主。以全园中心为基，面向朝南，正对水池山石，辅以亭台轩榭，缀以花木竹树，或屋宇回廊围绕，达成"园中园"之意蕴。其作为古典园林的主体，建筑体量、布景精细非通常建筑可比。如苏州拙政园主厅远香堂，相较其他建筑，屋宇空间最大，结构设计精美，屋顶恰如古代建筑设计特点，以鸱尾饰正脊，精心修饰，颇为讲究，在私家园林中较为罕见。该建筑体现了主厅与众不同的气势风采，达到"奠一园之体势"的建筑气息，正居园中，山水布景、花木房屋围之展开，控制全局，乃南方古典园林之精粹。

而除去建筑主体，大体量的山水也可成为主体类型之一。苏州耦园东部的城曲草堂为楼型主体建筑，其南面设一黄石假山，体量巨大逼真，宛如天然巨山自然高耸，恰如山水之主峰，为全园主山，并辅以东南方水池为依托，气息酣然，南向建"水中阁"与山水合围，由此足以代表耦园的意境风貌。网师园的水体中心处理则为水体中心的佳例，其布景设计的中心构思即突出水体景观，同为黄石假山——云冈，气势磅礴却只作为宾衬，将水园意境点缀得广阔浩渺，形成景观的向心力，成为园林意境中心。

在古典园林的空间设计中，主体景致的设定极为关键，园林的意境气韵，甚至风水设定皆与此相关，统筹驾驭整个园林，但论景观审美而言，园林中的各个部分都在园林圈定的固定范围内，主体的审美并非独占鳌头，而是与各处布景有机结合。

① 转引陈从周：《梓翁说园》，北京：北京出版社，2011 年，第 6 页。

园林建筑美学

中国古典园林，造园者的诸多设计，其中心始终是围绕人，所有的布景，都是为人而设，而人最强烈的需求则为建筑，生活空间的满足才是精神追求的伊始。张岱在《吼山》中有此形容：

有回廊而山水以回廊妙，有层楼曲房而山水以层楼曲房妙，有长林可风，有空庭可月。夜壑孤灯，高岩拂水，自是仙界，决非人间①。

乾隆曾提道：既具湖山之胜，概能无亭台之点缀？可见古典园林建筑与布景两者之间之不可孤立，建筑与景观的相融设计向来自成一派，没有建筑在园中为之点缀标胜，过多的布景则显得喧宾夺主，园林岂不变为公园。大体量的建筑或建筑群，让园林的游览变得可游可居，与文人格调相得益彰。与前文提出的园林布景要素相依，建筑的标胜应景也穿插于山水之中，或与水体映衬，或与山体呼应，乃至高处楼阁的点睛，都是造园匠人作为建筑师的身份证明。西湖的水体建筑造就了“三潭印月”“平湖秋月”之人间胜景，而古典园林中的亭台楼榭之例更是数不胜数，如拙政园中有待霜亭、绣绮亭，各个景观相互映衬，颇为精妙（见图 7-2）。陈从周在《园林谈丛》中论及园林建筑布局构景曾指出：

我国古代造园，大都以建筑物为开路。……盖园以建筑为主，树石为辅，树石为建筑之联缀物也。……园既有“寻景”，又有“引景”。何谓“引景”，即点景引人。西湖雷峰塔圮后，南山之景全虚②。

其中“南山之景全虚”，一语点明了古典园林建筑对于画面景深化的重要性，宛如画面找到了焦点，繁华的景色有了灵魂。

此处引入金智学先生关于屋宇亏蔽的“亏蔽景深”概念。在中国古

① （明）张岱：《琅嬛文集》，北京：紫禁城出版社，2012 年，第 59 页。
② 陈从周：《说园》，南京：江苏文艺出版社，2009 年，第 9-10 页。

图 7-2　拙政园中的浮翠阁（摄影：谭天奕）

典园林系统中，屋宇有别于池水山石，是纯粹的人造元素，其造型特点与建筑材料特性息息相关。人工建筑可以在园林中带来更多块面结构，弥补曲面过多的弊端，浩然之气与山水秀丽互为相补，增加景色的层次感，补充画面的单调性，错落亭台、参差楼阁，高低远近的块面结构与山水花木互相穿插，让游人的视野有了焦点与景深。蒋和在《学画杂论》中提出：

树石布置须疏密相间，虚实相生，乃得画理。近处树石填塞，用

屋宇提空。树石排挤，以屋宇间之，屋后再作树石，层次更深①。

虽为画论，但其理念与古典园林设计一脉相承。屋宇与山林之间的相互亏蔽，在江南园林的设计中显得更为精巧复杂。如苏州艺圃“芹庐”小院一角，墙面间月洞门相互遮掩，高墙为“蔽”，洞门为“亏”，两者结合幽静深邃，屋宇亏蔽与山石花木结合让庭院意境更为深远。

还有一建筑亏蔽处理值得一提，那就是桥廊建筑。其在古典园林中为不可或缺的特有建筑，因私家园林面积小，布景多，水体复杂，相互之间连接转折多依赖桥廊。空廊、高桥与围墙不同，交通功能的特性及通透的建筑特点让其亏蔽性更有利于结合花木池山，呈现出半亏半蔽的美感。在古典园林中，这种廊桥设计的样式最为多样，同样可以参与构景。苏州园林中，名家碑帖多设于廊桥之上，廊桥内部的装饰性也颇有文人格调（图 7-3）。

图 7-3　拙政园中的廊桥（摄影：谭天奕）

① （清）蒋和：《学画杂论》，蒋氏游艺秘录本（乾隆刻本）。

凡事均有例外，有一古典园林例外于上述建筑亏蔽特点。苏州沧浪亭因其墙外一湾清流，故造园者棋高一着，以水为墙，由桥入园，增加精神上的仪式感。相较于园内曲折板桥的不蔽之隔，此处设计更为精妙，足以说明苏州古典园林在亏蔽规律上把握得极为巧妙。学者金学智在对拙政园的景观亏蔽剖析中指出：

取北面见山楼南望的视角纵向地看，首先可见池水被亏蔽为四五个景观层面，其中有平曲桥的近乎不隔之蔽，使水流似断而时续；有“香洲”伸入水中的屋宇亏蔽，使水面形态更为耐看；有“小飞虹”廊桥的亏蔽，它只有弧曲形屋顶、几根廊柱以及华美透空的栏楯遮挡视线，使得透空的虚处水面更为诱人……

如果反过来，把水面看作是一种“不隔之蔽”，那么，被水所隔的景面，除了曲桥、香洲、小飞虹之外，还有荷风四面亭的小岛以及“小沧浪”水阁等。如果再次变换方位，横向地看，池水又把两岸风物作了种种不蔽之隔，而近处的空廊又遮水隔陆，掩花映树。在整个立体画面上，还随处可见种种花木亏蔽……总之，在这个丰富的艺术空间里，有种种物质上的亏蔽，也有包括心理距离在内的心理亏蔽……它们交汇成一个不隔而隔，亏中有蔽，变化成文，互为藏露的多结构开放系统，并使园林这个审美客体和观赏者这个审美主体在相互交流中“通其变”，“极其数”，实现隐与显、物与我的统一。中国古典园林审美意境的整体生成，离不开这种多层面、多角度“相杂”的亏蔽艺术①。

由此不难看出古典园林建筑在亏蔽设计中的精妙之处（图 7-4）。

① 金学智：《中国园林美学》，北京：中国建筑工业出版社，2005 年，第 295 页。

图 7-4　拙政园中的小沧浪（摄影：谭天奕）

曲径通幽

古代园林建设，花木池水、山石叠累、亭台楼榭、廊桥曲折之间，有一物穿插全园而不引人注目，此即园内为生活、游览所铺设的曲折道路。“曲径通幽处，禅房花木深。”“曲径”原为“竹径”，南宋朱熹首作“曲径”，后世延续之，这也可以看作审美风尚的演变。《世说新语·言语》言：“阡陌条畅，则一览而尽，故纡余委屈，莫不可测。”宋元时期，诗歌音乐、戏曲书法乃至绘画，都曾以曲为美，至明清更为盛行，并体现在当时逐渐成熟的园林美学当中，无论大型皇家园林或江南私家园林，这一设计的应用都有普遍表现。北京恭王府萃景园，第一景即“曲径通幽”，而至苏州园林，更上升到美学思想层面。清代学者俞樾之宅院就题名“曲园”，有《曲园记》予以描述：

> 曲园者，一曲而已……山不甚高，且乏透、瘦、漏之妙，然山径亦小有曲折。自其东南入山，由山洞西行，小折而南，既有梯级可登……自东北下山，遵山径北行，有“回峰阁”。度阁而下，复遵山径北行，又得山洞……“艮宧”之西，修廊属焉，循之行，曲折而西，有屋南向，窗牖丽楼，是曰“达斋”……由“达斋”循廊西行，折而南，得一亭，小池环之，周十有一丈，名其池曰“曲池”，名其亭曰“曲水亭”①。

其中描写点明了园林曲径的审美功能。曲径宛如一根线条，弯曲穿插于园中，或隐或显，在线路上各种布景满足游人的赏园之需，通达全园。

曲径，只是古典园林道路设计的统称，根据不同地形，有着多种多样的表现形态。

曲蹊，山间曲径，区别于二维地面，除去弯曲，更有高低起伏之曲，高度空间的变化与左右方位的往复，配以花木山石水瀑穿行其中，给人更

① 俞樾：《曲园记》，金学智《中国园林美学》，北京：中国建筑工业出版社，2005年，第297页。

极致的深幽之感。苏州环秀山庄，其假山仅半亩有余，山间蹊径长达60余米，涧谷长12米，依势而绕且据险而设。陈从周曾对此描述：

自亭西南渡三曲桥入崖道，弯入谷中，有涧自西北来，横贯崖石。经石洞，天窗隐约，钟乳垂垂，踏步石，上磴道，渡石梁，幽谷森严，阴翳蔽日。而一桥横跨，欲飞还敛，飞雪泉石壁，隐然若屏……沿山巅，达主峰，穿石洞，过飞桥，至于山后。枕山一亭，名半潭秋水一房山。缘泉而出，山蹊渐低，峰石参错，补秋舫在焉……①

曲岸，水边曲径，此处特指水际曲径之中可行走的曲岸，扮演水陆连接的缓冲地带。大型园林曲岸多偏直，江南园林则重曲，苏州网师园即为佳例。其池南曲岸下多有水口，深邃悠长，意境深幽，而其上池岸伸展自如，游人沿岸行之，左右山水相依高低落差处处皆景，岸边石矶则进一步丰富其中层次，产生“山阴道上行，如在镜中游”美感。

曲堤，夹水曲径，多与柳相配，人行其中，宛如步入水上。西湖盛景苏堤便是佳例，颐和园仿其建西堤，穿行在水际之间蜿蜒起伏，甚是惬意。

曲桥，水上曲径，曲桥作为建筑布景本身，经营设计要更为精心，与水际空间需相得益彰，短桥可为石梁，板桥多直且折，梁桥以曲为美。南北方园林的空间差距，导致北方宫苑桥曲长而多孔。江南园林水体浅小，以平曲板桥见长，其中设计以苏州拙政园最为得意。古典园林多设“九曲”，其意不在曲折为正九之数，而在意境。

曲室，此为屋宇，“曲室通幽”也多为房屋建筑设计之法。金学智在《中国园林美学》曾述：

至于留园曲室的群体组合，无论是从“古木交柯”、“绿荫”、到“恰杭”、明瑟楼，还是从曲溪楼、西楼之下到五峰仙馆，或从揖峰轩、

① 陈从周：《苏州环秀山庄》，《说园》，南京：江苏文艺出版社，2009年，第60页。

“静中观”廊屋到鹤所……屋宇都是虚实映带，回环相接，一转一深，一折一妙，境界似乎层出不穷。这种非凡的艺术处理，在中国现存的古典园林中可谓首屈一指①。

曲廊，此为古典园林必不可少的布景之一，亦可视为园林建筑要素之一。计成《园冶》指出：

廊基未立，地局先留，或余屋之前后，渐通林许。蹑山腰，落水面，任高低曲折，自然断续蜿蜒，园林中不可少斯一断境界②。

而曲廊架设之最，莫过于苏州拙政园水上曲廊（见图 7-5）。其亦桥亦廊，曲妙如蹊，左右转折、高低起伏，却跨于水际。其南侧转折微妙，平

图 7-5　拙政园中的廊桥 2（摄影：谭天奕）

① 金学智：《中国园林美学》，北京：中国建筑工业出版社，2005 年，第 301 页。
② （明）计成：《园冶》，重庆：重庆出版社，2017 年，第 59 页。

舒自然，至北侧转折起伏变为凸显，水廊平视或立视皆为波形，线条舒畅优美，故名“波形水廊”。计成《园冶》曾提及：

古之曲廊，俱曲尺曲。今予所构曲廊，“之字曲”者，随形而弯，依势而曲。或蟠山腰，或穷水际，通花渡壑，蜿蜒无尽……①

此形象阐明了“之字曲”的审美意味，中国古典园林的曲廊设计精髓可见于此。

在古典园林系统中，曲径扮演着一个不可或缺的审美角色，并同时具有游览引导的功能性，既要曲而通达，引人入胜，又要曲中有直，曲折有度，这就是中国古典园林“曲径通幽”的美学内涵与法则（图 7-6）。

图 7-6　狮子林中的曲桥与曲岸（摄影：谭天奕）

① （明）计成：《园冶》，重庆：重庆出版社，2017 年，第 88 页。

园林意境

古典园林细而观之，无外乎山水花木、亭台楼榭，人多在景中，而少在景外，但整体空间设计要气脉贯通。古人向来信风水，造苑建园讲究气势脉络，如国画山水讲究山脉水源之章法。在江南古典园林中，山水气脉就颇为注意，俱为佳例。

苏州环秀山庄的主体山石构建，由湖石堆掇，气势磅礴。至西北一隅客山箕踞，为主山余脉，并与之相呼应，两山高低大小主客分明，山不连而脉未断。巧妙之处在于，主山东北坡上，零星叠石散落，宛如主山石脉起伏露出，增加了两山之间的脉络感。再论其水体，乾隆年间，园内曾于山脚掘一泉眼，名曰“飞雪”。遂通与山下池水，池泉贯通，曲折滢洄，变潭水成活水，从而气韵流通，园内富有天然生态气息。

陈从周在《说园》中提到：“叠山理水要造成‘虽由人作，宛自天开’的境界。山与水的关系究竟如何呢？简言之……山贵有脉，水贵有源，脉源贯通，全园生动。”① 此充分说明了山水布置的最高境界——气韵生动。

古典园林的气韵，皆由园中设计而来，或独树一帜，或两两互妙相生。乾隆曾在《互妙楼》诗序中写道：“山之妙在拥楼，楼之妙在纳山，映带气求，此‘互妙’之所以得名也。”乾隆游览观赏过大多江南园林，此互妙之理同样契合于古典园林布景设计，亦可理解为，景观双方又相互为景，此类设计乃园林意境贯通之关键。计成在《园冶》中同样也揭示了园林景物相互借资之妙：

> 泉流石注，互相借资。（《兴造论》）
>
> 院广堪梧，堤湾宜柳……窗虚蕉影玲珑，岩曲松根盘礴(《相地》)
>
> 风生寒峭，溪湾柳间栽桃；月隐清微，屋绕梅余种竹。(《相地》)
>
> 花间隐榭，水际安亭，斯园林而得致者。（《立基》）
>
> 或有嘉树，稍点玲珑石块。（《掇山》）②

① 陈从周：《说园》，上海：同济大学出版社，2007 年，第 87 页。

② （明）计成：《园冶》，重庆：重庆出版社，2017 年，第 184 页。

由此可见，一系列景观的设计，或二三相连，其互妙相宜得构成，使得整个园林的意境升华，“相映相衬，相杂相和，相补相称，相生相发”，这种相互关系，正是园林景观构建的基础，而“互妙”则为最高境界（图7-7、图7-8）。

图7-7 狮子林一角（摄影：谭天奕）

图7-8 狮子林的假山（摄影：谭天奕）

古典园林意境的构成，除去匠人的章法布置，其景观题名也颇为关键，太过直观，则景如其名，未见已先知，索然无味，且园林整体意境主题需统驭群体题名。而如何题名，则主要依托于文人之格调、品位（图 7-9）。或以名士诗句为主题，如苏州沧浪亭系列题名有“面水轩”“明道堂”“翠玲珑”“观鱼处”“步碕”“静吟”等，其无外乎来自苏舜钦的文章诗词。或以特定诗文为主题，如吴江退思园景观题名，围绕《念奴娇》词文的特定意境，其词中写道：“闹红一舸，记来时，尝与鸳鸯为侣。”园内就建有一画舸，其名“闹红一舸”，还有数景题名也来自此词，文学意境进而演化为园林意境。除此之外，还有以“物”凝聚题名，多偏向文人格调，梅兰秋菊、松柏云海等题；以及以“数”凝聚，此处以北方大型宫苑居多，讲究数的序列性、贯穿性，以此凝练景观，呼应整体意境。虽有多种题法，但都不离园林本身。

图 7-9　网师园的意境美（摄影：谭天奕）

古典园林的空间审美，不单仅凭匠人经验那么简单，多与中国古代哲学、美学相连，其追求的“境界”，既是要打造与世隔绝的城市山林，更要表达有无相生的虚实空间。其空间意境脱胎于中国山水绘画，更体现了“唯道集虚”“有无相生”的空间意蕴，且各自深度与广度大有不同。宗白华曾在《中国艺术意境之诞生》中写道：

> 中国人爱在山水中设置空亭一所。戴醇士说：“群山郁苍，群木荟蔚，空亭翼然，吐纳云气。”一座空亭竟成为山川灵气动荡吐纳的交点和山川精神聚积的处所。……张宣题倪画《溪亭山色图》诗云：“石滑岩前雨，泉香树杪风，江山无限景，都聚一亭中。”苏东坡《涵虚亭》诗云：“唯有此亭无一物，坐观万景得天全。”唯道集虚，中国建筑也表现着中国人的宇宙意识①。

其中蕴含了古典园林系统唯道集虚的美学观念，其对外的封闭性与对内的开放性得以充分表明。

当今天人们再赏园林，移一步而变一象，转一眼而换一景，于微观中见大千世界，其气韵意境尚在，于外面的高楼大厦截然不同。古人欲打造的城市山林，意境在千百年后更为贴切，这是超越园林空间美学之上的奥妙（见图 7-10、图 7-11）。

① 宗白华：《中国艺术意境之诞生》，《美学散步》，上海：上海人民出版社，2015 年，第 95-96 页。

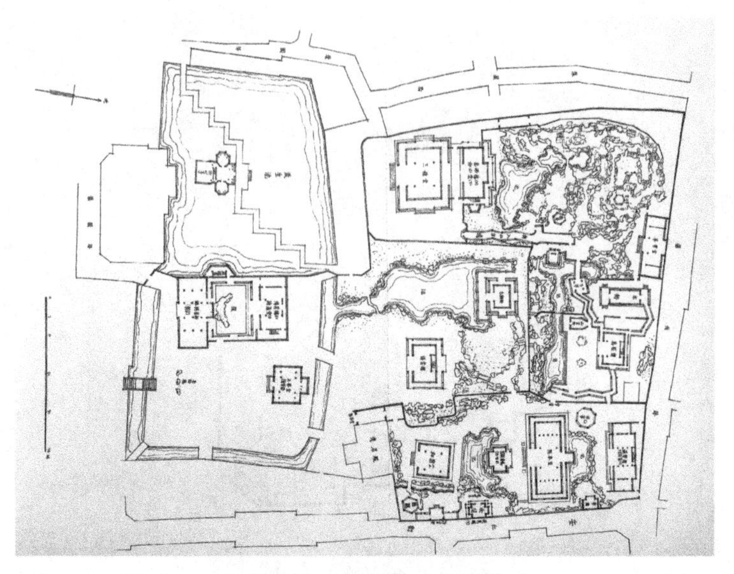

图 7-10　上海豫园平面图①

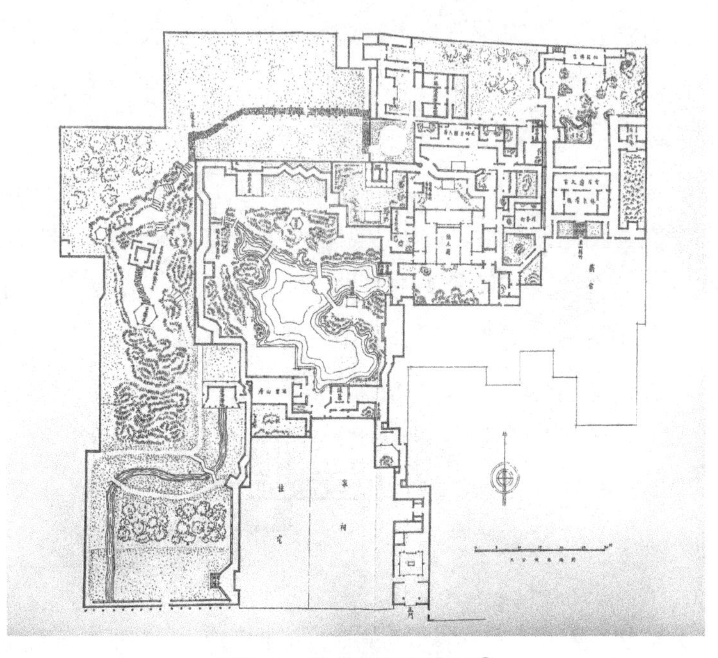

图 7-11　苏州留园平面图②

① 童寯：《江南园林志》（第二版）典藏版，北京：中国建筑工业出版社，图版十四。

② 童寯：《江南园林志》（第二版）典藏版，北京：中国建筑工业出版社，图版四。

"长物" 视野下的园林绿植

——以《长物志》为例

名园必有精心配置的绿植花木，如网师园的灵魂便为一颗近千岁的古柏。此外，各园即便没有极其名贵的镇园花木，也能通过苗木花卉的合理搭配彰显主人的巧思。如网师园的殿春簃便以常见的芍药为主题绿植，因芍药花期晚，有殿春之意，故名。殿春簃为网师园中的一个典型院落，曾以其为原型在美国纽约成功复制了中国江南庭院的"明轩"，是中国园林走向海外的开山之作，因其具备中国古典园林的经典品质，因此曾在欧美重新刮起一阵"中国风"热潮。殿春簃中有月亮门、曲廊，还有山石、竹木、花草和鱼池等，植物的配置依其场合、建筑、山石、水流之间的呼应关系处理得恰到好处，尽显中国古典园林的美学特质。

苏州园林绿植花卉通常按中国传统园林的格局精心配置，妙在其与环境的相映成趣。相对高大的蕉、竹、松往往处于园林核心位置，"隔而未隔，界而未界"的漏窗后则有樱桃、杏、兰、山茶、芍药、莲等，同时还分散点缀着杜鹃、菊花等季节性的花卉，以期四季花色能有不同变化，同时也加强了园林的意境之美。苏州园林中的常见植物有上百种，即使小型园林也有几十种，以花木寓意、寄情，甚至用植物命名，表达出古人对植物的喜爱之情，如拙政园的四面荷风亭、海棠春坞，狮子林的五松园等。

笔者将通过观赏类、林荫类、藤蔓类、竹类及水生草本类植物的经典配置剖析，并梳理相关的古籍文献，以此来阐述苏州园林中绿植花卉营造的意境美。

一、园林植物的分类

（一）观赏类

观赏类植物主要以花卉为主。自古以来，古人甚爱花，陶渊明爱菊，唐人爱牡丹，周敦颐爱莲，苏州园林自然少不了花卉的点缀。园林中常种植的观赏类植物有牡丹、芍药、玉兰、桂花、石榴、芙蓉等。

牡丹、芍药

据统计，牡丹、芍药（见图8-1、图8-2）在园林植物栽植中为最常见，苏州的大小园林几乎都有所种植，可见古人对其喜爱之深。文徵明在《拙政园记》中记载："堂之前为繁香坞，杂植牡丹、芍药、丹桂、海棠、紫橘诸花。"俞樾《怡园记》中记载："入园，有一轩，庭植牡丹，署曰'看到子孙'。"此皆足以见出园林中牡丹、芍药的种植情况。文震亨《长物志》云：

图8-1　张大千　泼墨紫

图8-2　（清）郎世宁　芍药图

牡丹称花王，芍药称花相，俱花中贵裔，栽植赏玩，不可毫涉酸气。用文石为栏，参差数级，以次列种。花时设宴，用木为架，张碧油幔于上，以蔽日色，夜则悬灯以照。忌二种并列，忌置木桶及盆盎中①。

文震亨将牡丹、芍药比作“花王”“花相”，为花中贵族。在园林中，两者不能并列，尤其不能放置木桶和大盆中，而要用带纹理的石材做围栏，参差排列，按照次序种植。

在配置方式上，常将其与建筑或其他植物搭配，通过空间的组织（如借景、漏景等）增加景观的层次感。如留园远翠阁前的牡丹花台，牡丹错落有致，既能遮挡一楼空间，又能突出楼阁的门窗。再如网师园多处以种植牡丹，搭配海棠、长春花、玉兰、山茶等，寓意“富贵满堂”“富贵长春”等。

玉兰

玉兰是苏州园林中最美丽的古树，有白、紫两种色，往往代表人们对美好事物的追求，各园均有种植。《长物志》云：

宜种厅事前，对列数株。花时，如玉圃琼林，最称绝胜。别有一种紫者，名木笔，不堪与玉兰作婢，古人称辛夷，即此花。然辋川“辛夷坞”“木兰柴”，不应复名，当是二种②。

玉兰适合种植于厅堂前。狮子林燕誉堂有两株；网师园也有玉兰的景观，春季花开，繁而不乱，艳而不俗，宛若天然画卷。

桂花

桂花（见图8-3）的品种多，适应性强，时常被作为障景树、陪衬树，可以与之配植的花木也非常多。《长物志》云其：

① （明）文震亨：《长物志》卷二“花木”。
② （明）文震亨：《长物志》卷二“花木”。

图 8-3　（清）月中桂兔图轴　蒋溥　纸本　设色　纵 99.3 厘米　横 43.5 厘米　故宫博物院藏

丛桂开时，真称香窟，宜辟地二亩，取各种并植，结亭其中，不得颜以“天香”“小山”等语，更勿以他树杂之。树下地平如掌，洁不容唾，花落地，即取以充食品①。

成片桂花开时，称得上是“香窟”。苏州园林中普遍种植桂花，如留园的闻木樨香轩、网师园的桂轩，均以桂花为主题，并搭配以海棠、百玉兰为点缀，与山石、漏窗相配，色相各异，整体景观丰富，富有变化，随着季节的变化，具有不同的观赏性。

石榴

石榴（见图 8-4）是多子多福的象征，古人云：“千房同膜，千子如一。”这是对石榴最好的解释，其常与佛手、桃组合，寓意多福、多寿、多子。石榴栽植在门口有留客之意，以显示

① （明）文震亨：《长物志》卷二“花木”。

主人的好客。《长物志》云：

> 石榴，花胜于果，有大红、桃红、淡白三种，千叶者名“饼子榴”，酷烈如火，无实，宜植庭际①。

石榴花胜过果实，花瓣繁多的叫“饼子榴”，适合种植于庭院。拙政园、狮子林、留园等园林中或丛植或孤植，各得其所。石榴也被运用于园林的花墙上，寓意多子多福。

芙蓉

自唐开始，许多地方种植芙蓉（见图 8-5），所谓“清水出芙

图 8-4　（明）徐渭　石榴图　镜心　设色纸本

图 8-5　（南宋）吴炳　团扇　绢本设色 23 厘米×25. 1 厘米　故宫博物院藏

蓉，天然去雕饰”。芙蓉花大而色丽，多在庭园栽植，可孤植、丛植于墙边、路旁、厅前等处，特别宜于配植水滨，开花时波光花影，相映益妍，分外妖娆。《长物志》云：

> “芙蓉宜植池岸，临水为佳；若他处植之，绝无丰致。有以靛纸蘸花

① （明）文震亨：《长物志》卷二“花木”。

蕊上，仍裹其尖，花开碧色，以为佳，此甚无谓。”①

文震亨认为芙蓉适合种植在水岸，靠近水源最佳，如果在别处种植，就会没有风雅之气。如拙政园就有以芙蓉命名的“芙蓉榭”，面临广池，一半建于岸上，一半伸向水面，秀美姣巧，是夏日赏荷的好地方。

正如《长物志》卷一的《山斋》云：“中庭亦须稍广，可种花木，列盆景，夏日去北扉，前后洞空。”文震亨认为园林建筑里要种些花草，摆放盆景。

文震亨不仅介绍了园林中的花卉，甚至对花的选择、搭配也做出详尽的解释，认为：

> 繁华杂木，宜以亩计，乃若庭除槛畔，必以虬枝古干，异种奇名，枝叶扶疏，位置疏密。或水边石际，横偃斜披；或一望成林；或孤枝独秀。草木不可繁杂，随处植之，取其四时不断，皆入图画②。

在其看来，植物栽培面积的大小，数量的多少，距离的远近，都应按照种类、位置等条件取舍，合理配合。

（二）林荫类

林荫类植物以松柏、梧桐、槐、榆为经典配置，这类树木组成了园林中最主要的树林及林荫。

松柏

“古木是园林建构中最难具备的条件之一”，园林中最古老的树当属松柏（见图8-6）。它是长寿的象征，种类繁多，是造园最常用的树木之一。《闲情偶寄》中，李渔以“老成”者喻苍松古柏，指出其在园林中的重要性。《园冶》时常提及松柏在园林中的美学价值，所谓“窗虚蕉影玲珑，岩曲松根盘礴”“通泉竹里，按景山巅，或翠筠茂密之阿，苍松蟠郁之

---

① （明）文震亨：《长物志》卷二“花木”。
② （明）文震亨：《长物志》卷二“花木”。

麓”。李白云：“松柏本孤直，难为桃李颜。”松柏生来就孤高挺直，不会为讨人欢喜而显露桃李一样的容颜。对此《长物志》云：

图 8-6 （元）吴镇 双松图 纵 180 厘米 横 111.4 厘米 台北故宫博物院藏

> 松、柏古虽并称，然最高贵者，必以松为首。天目最上，然不易种。取栝子松植堂前广庭，或广台之上，不妨对偶。斋中宜植一株，下用文石为台，或太湖石为栏俱可。水仙、兰蕙、萱草之属，杂莳其下。山松宜植土冈之上，龙鳞既成，涛水相应，何减五株九里哉?①

文震亨以“古”形容松柏，对松柏给出高度的评价，认为其为最高贵者。在配置方式上，《园冶》提及“松寮隐僻，送涛声而郁郁”。陈淏子在《花镜》中提出“如园中地广，多植果子松篁”“松柏古仓，宜峭壁奇峰”的观点。而文震亨认为“山松宜植土岗之上”，松柏一般种植于堂、庭前，起庇荫之用，或于山坡、悬崖峭壁之上，如怡园假山上的白皮松，拙政园听松风处的黑松和网师园“看松读画轩”峭壁奇峰上的黑松。

---

① （明）文震亨：《长物志》卷二“花木”。

图 8-7 清冷枚梧桐双兔绢本

梧桐

梧桐（见图 8-7）与槐树齐名，《园冶》云："梧阴匝地，槐荫当庭。"计成认为在园林建造中梧桐和槐树的树荫应满地满庭。古代诗词中，梧桐常被用来表达愁绪的物象。李清照云："梧桐更兼细雨，到黄昏，点点滴滴。这次第，怎一个愁字了得。"温庭钧云："梧桐树，三更雨，不到离情更苦。"此都是借梧桐表达自己的悲凉。《长物志》则云：

> 青桐有佳荫，株绿如翠玉，宜种广庭中，当日令人洗拭，且取枝梗如画者；若直上而旁无他枝，如拳如盖，及生棉者，皆所不取。其子亦可点茶。生于山冈者曰冈桐，子可作油。①

梧桐高大，枝繁叶茂，青翠如玉，能够庇荫，适合种植在宽敞的庭院之中。《花镜》中对梧桐的描述栩栩如生："梧桐一名青桐，一名榇。木无节而直生，理细而性紧。皮青如翠，叶缺如花，妍雅华净，新发时赏心悦目，人家轩斋多植。"② 陈淏子从枝、皮、叶描写梧桐，并指出应在轩斋周边种植。在配置方式上，《园冶》也有"半窗碧隐焦桐，环堵翠延萝薜""院广堪梧""虚阁荫桐"，"半窗""院广""虚阁"等语，点出梧桐以其

① （明）文震亨：《长物志》卷二"花木"。

② （清）陈淏子：《花镜》卷三"花木类考"。

充足的枝下高度常种植于建筑周围的妙处。

槐、榆

能避荫的树，在李渔看来，就是槐树和榆树（见图8-8）。槐树和榆树都是枝干挺拔、枝繁叶茂的植物。明代李东阳曾对此有生动的描述：

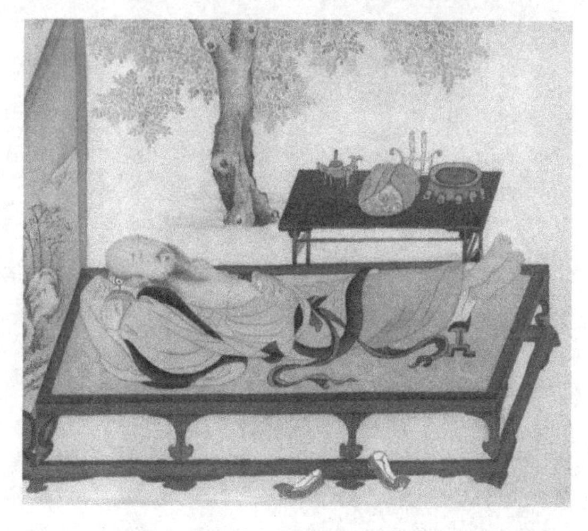

图8-8　（宋）槐荫消夏图　齐翰　27.5厘米×23.7厘米　绢本设色

> 太子太保吏伺书四明屠公，于堂之南轩，新开北户。户外抵堂，堂之隙仅足容武。有一槐适生其间，缘户而起。其高出屋上可二三丈。则布为繁柯，覆为重阴。方暑盛时。南枝透彻，清如几格，不知赤日之当午也①。

《长物志》中将槐、榆并提："槐、榆宜植门庭，板扉绿映，真如翠幄。"直接提出槐树和榆树适合种植于门庭前，能起到良好的庇荫效果。《花镜》中也有对庇荫的描写："人多庭前植之，一取其荫，一取三槐吉照，期许子孙三公之意。"在配置方式上，槐、榆常被种植于门庭，用于庇荫，有"槐榆夹路，微花对溪""入门，榆柳夹道"等说法。

（三）藤蔓类

建园常利用藤蔓植物的特性点缀建筑物，绿化空间，给这些单调的景观增加鲜活气息。藤蔓类植物有蔷薇、木香、葡萄、常春藤等。对此《长物志》云：

① （明）李东阳：《槐轩铭井序》，四库全书本。

尝见人家园林中，必以竹为屏，牵五色蔷薇于上。架木为轩，名“木香棚”。花时杂坐其下，此何异酒食肆中？然二种非屏架不堪植，或移着闺阁，供仕女采掇，差可。别有一种名“黄蔷薇”，最贵，花亦烂漫悦目。更有野外丛生者，名“野蔷薇”，香更浓郁，可比玫瑰。他如宝相、金沙罗、金钵盂、佛见笑、七姊姊、十姊姊、刺蘼、月桂等花，姿态相似，种法亦同①。

《园冶》也云：“围墙隐约于萝间，架屋蜿蜒于木末。”在配置方式上，封闭的园林中，白墙墙面较为单调，常以藤蔓掩映白色墙面，增添几分诗情画意，如网师园主厅万卷堂西山墙有一株大木香攀缘其上，丰富了墙面景观。拙政园文徵明亲手种植的古紫藤，枝干古老苍劲，有蛟龙飞跃之势。

（四）竹类

梅、兰、竹、菊四君子，代表着清韵、幽逸、气节和清逸。其中，绿竹为品位的象征，四季常绿，是园林种植的重要选择（见图 8-9）。《长物

图 8-9 狮子林中的竹林（摄影：谭天奕）

① （明）文震亨：《长物志》卷二“花木”。

志》云：

种竹宜筑土为垅，环水为溪，小桥斜渡，陟级而登，上留平台，以供坐卧，科头散发，俨如万竹林中人也。否则辟地数亩，尽去杂树，四周石垒令稍高，以石柱朱栏围之，竹下不留纤尘片叶，可席地而坐，或留石台石凳之属。竹取长枝巨干，以毛竹为第一，然宜山不宜城；城中则护基笋最佳；竹不甚雅。粉筋斑紫，四种俱可；燕竹最下。慈姥竹即桃枝竹，不入品。又有木竹、黄菰竹、箬竹、方竹、黄金间碧玉、观音、凤尾、金银诸竹。忌种花栏之上，及庭中平植；一带墙头，直立数竿。至如小竹丛生，曰："潇湘竹"，宜于石岩小池之畔，留植数株，亦有幽致。种竹有"疏种""密种""浅种""深种"之法；疏种谓"三四尺地方种一窠，欲其土虚行鞭"；密种谓"竹种虽疏，然每窠却种四五竿，欲其根密"；浅种谓"种时入土不深"；深种谓"入土虽不深，上以田泥壅之"，如法，无不茂盛。又棕竹三等，曰筋头，曰短柄，二种枝短叶垂，堪植盆盎；曰朴竹，节稀叶硬，全欠温雅，但可作扇骨料及画义柄耳①。

竹子适宜种植在用土垒筑的高台之上，周围环绕溪水，或者辟地数亩，将杂树除尽，用石柱木栏围起来，留置一些石台、石凳等。文震亨此处详细介绍了竹的种类及其种植方法："疏""密""浅""深"。苏州园林主要用竹作隐蔽建筑或障景，如留园揖峰轩前探入六角洞窗里的竹枝，网师园殿春簃梅竹兼备，意境悠远。

（五）水生、草本类

水生、草本植物常见的有芭蕉、菊花、荷花等，主要种植于花台或水中。

---

① （明）文震亨：《长物志》卷二"花木"。

荷

图 8-10　（宋）冯大有　绢本设色　纵 23.8 厘米　横 25.1 厘米　台北故宫博物院藏

荷花（见图 8-10）因以清新姿态受到历代文人的赞誉。周敦颐对其赞誉有加："出淤泥而不染，濯清涟而不妖"。《群芳谱》也评其："凡物先华而后实，独此华实齐生。百节疏通，万窍玲珑，亭亭物华，出淤泥而不染，花中之君子也。"① 其常常因高洁而被用来比喻文人贤者的高洁品质。《长物志》云：

藕花池塘最胜，或种五色官缸，供庭除赏玩犹可。缸上忌设小朱栏。花亦当取异种，如并头、重台、品字、四面观音、碧莲、金边等乃佳。白者藕胜，红者房胜。不可种七石酒缸及花缸内②。

藕花，即荷花，种植于池塘或精美瓷缸中，放置于庭院供赏玩。苏州园林中水生植物配置主要以荷花为主，拙政园荷风四面亭，三面环水，一面邻山，四周皆荷，每当仲夏季节，柳荫路密，荷风拂面，清香四溢，体现"荷风四面"之意。"留听阁"东侧池内栽植荷花，夏天观赏荷叶美景，秋天雨水落在荷叶上，发出淅淅沥沥的声音，表现出"秋阴不散霜飞晚，留得残荷听雨声"的画面。

芭蕉

园林庭院多种植芭蕉（见图 8-11）。正如李清照云："窗前谁种芭蕉树，阴满中庭。"《长物志》云：

---

① （明）王象晋：《群芳谱》，四库全书本。
② （明）文震亨：《长物志》卷二"花木"。

> 芭蕉，绿窗分映，但取短者为佳，盖高则叶为风所碎耳。冬月有去梗以稻草覆之者，过三年，即生花结甘露，亦甚不必。又作盆玩者，更可笑①。

芭蕉叶片硕大，极易招风，故常将芭蕉配置在小庭院里，种植于窗前，形成“绿窗分映”的景观。如留园石林小院中洞窗外之芭蕉峰石小景；沧浪亭门前的芭蕉生动地表现着自然空间流动在建筑空间之中；听雨轩、留听阁前后均配置芭蕉，营造出“蕉叶半黄荷叶碧，两家秋雨一家声”的意境。

图 8-11　（明）徐渭　蕉石图　立轴　纸本水墨　长 166 厘米　宽 91 厘米　瑞典斯德哥尔摩东方博物馆藏

菊

菊花（图 8-12）为“花中隐士”，清雅高洁，花形优美，色彩绚丽，从古至今，文人墨客甚是喜爱。陶渊明云：“采菊东篱下，悠然见南山。”元稹云：“不是花中偏爱菊，此花开尽更无花。”可见对菊花的钟爱之情。《长物志》云：

> 吴中菊盛时，好事家必取数百本，五色相间，高下次列，以供赏

① （明）文震亨：《长物志》卷二“花木”。

图 8-12　（清）八大山人　瓶菊图　立轴　水墨纸本

玩，此以夸富贵容则可。若真能赏花者，必觅异种，用古盆盎植一株两株，茎挺而秀，叶密而肥，至花发时，置几榻间，坐卧把玩，乃为得花之性情。甘菊惟荡口有一种，枝曲如偃盖，花密如铺锦者，最奇，余仅可收花以供服食。野菊宜着篱落间。菊有六要二防之法：谓胎养、土宜、扶植、雨旸、修葺、灌溉、防虫及雀作窠时，必来摘叶，此皆园丁所宜知，又非吾辈事也。至如瓦料盆及合两瓦为盆者，不如无花为愈矣①。

如今，苏州各园均有菊花，可见世人对它的喜爱不减。沧浪亭，古老的石亭四周长满了小菊花，犹如满天的星斗在秋风中起舞。

二、园林植物的配置

园林中的植物与建筑、山石、水流相互依存，充分运用视觉、听觉、嗅觉来彰显植物的意境美，达到诗情画意的效果。

（一）与建筑配合

园林中的建筑有很多类，有居、亭、堂、楼、阁、轩、馆、厅等，大

① （明）文震亨：《长物志》卷二“花木”。

多以青砖瓦木为材料，形体分明，植物以其特有形态来协调建筑与自然的关系。植物的柔软弯曲打破建筑的生硬呆板，以不同形态的植物搭配形象丰富的建筑物，形成自然景观与人工制作相融合的园林意境。《长物志》云："亭台具旷士之怀，斋阁有幽人之致。又当种佳木怪箨，陈金石图书。"① 亭台、楼阁容易隐喻文人、隐士的情怀，将其与花草树木合理配制则更具幽雅的韵致，如拙政园倚玉轩，翠竹环拥，沁人心脾。

（二）与空间配合

植物与空间的配合常常通过借景、分景、隔景等构景方式来实现。或将一个空间的景色引入另一个空间，三维空间转化为二维视角；或将景观划分成若干空间，构建园中有园，景中有景的景象；或将园林绿地分隔为不同空间，不同景区，避免景观互相干扰，因地制宜，构景得体，充分利用有限空间，转换景色，有利于增强景观的层次感。关于构景方式，《园冶》指出：

> "借"者：园虽别内外，得景则无拘远近，晴峦耸秀，绀宇凌空，极目所至，俗则屏之，嘉则收之，不分町畽，尽为烟景，斯所谓"巧而得体者也"②。

细心观察不难发现，苏州园林几乎处处都在创造不一样的空间。如拙政园四面荷风亭就是典型，以荷为对象，夏日观荷，秋日听雨；拙政园中的园中园——枇杷园，它的存在，使原有空间得到了有效分隔，丰富了观赏路线、观赏视角、观赏景点，如此显隐萦回，于无形之中丰富了视觉效果，增加了空间层次；沧浪亭四周有复廊，复廊墙上有漏窗，将水景引入了园内，每个漏窗，引入的景致又有不同。

（三）与水石配合

通过假山、石头、水与植物的搭配组合，以花木丰富水面景色，增

① （明）文震亨：《长物志》卷一"室庐"。
② （明）计成：《园冶》卷一"兴造论"，重庆：重庆出版社，2017年。

加山石的参差和错落感，构造城市山林的景观。对此，《长物志》指出：

> 石令人古，水令人远。园林水石，最不可无。要须回环峭拔，安插得宜。一峰则太华千寻，一勺则江湖万里。又须修竹、老木，怪藤、丑树，交覆角立，苍崖碧涧，奔泉汛流，如入深岩绝壑之中，乃为名区胜地①。

水石处应种植修竹、古木、怪藤、奇树，交错突兀，才能算得上名景胜地。韩拙《山水纯全集》提及，“山以林为衣，以草木为发”。王维在《山水论》中写道：“山藉树而衣，树藉山而为骨。树不可繁，要见山之秀丽，山不可乱，需显树之精神。”② 此足以体现山石与树木之间相辅相成的关系。“山之秀丽”在于植物的装点，“树之精神”则需要山石的衬托，由此可见植物在山石景观构成上发挥着重要作用。《园冶》也写道：“理者相石皴纹，仿古人笔意，植黄山松柏、古梅、美竹，收之园窗，宛然镜游也。”③ 例如留园揖峰轩以粉墙为背景，山石配天竹，画意浓厚；拙政园中部水体在远香堂前密植荷花，而留出的水面则倒映出北寺塔影，极富意境。

“江南园林甲天下，苏州园林甲江南。”苏州园林是中国古典园林的代表，集建筑、山、石、水、植物为一体，是山水画的物化。中国园林走向海外，得益于中国园林追求“天人合一”的思想，而植物是园林的灵魂所在，笔者希望通过对苏州园林植物的梳理，让世人领会草木的情趣，唤起大家对自然的亲近，从而享受自然，热爱自然，同时以此体悟中国古典园林的巧妙，再现我国园林天人合一的古韵之美。

---

① （明）文震亨：《长物志》卷三“水石”。

② （唐）王维：《山水论》，《中国书画全书》第一册，上海：上海书画出版社，1993年，第177页。

③ （明）计成：《园冶》卷三“掇山·峭壁石”，重庆：重庆出版社，2017年。

园林禅境

释迦牟尼大约诞生于公元前565年，约35岁时顿悟，创立了佛教。作为一种思想和哲学，佛教追求的是依照悉达多所领悟到的修行方法，发现生命和宇宙的真相，最终超越生死和苦，断尽一切烦恼，得到解脱。

两汉之际，佛教进入中国。魏晋南北朝时期佛教广泛传播，在唐代达到鼎盛。尽管佛教在印度日渐式微，但是却在风土气候、民族、信仰截然不同的中国得到了进一步发展。佛教初入中国时，信众崇奉的为小乘佛教。但是在唐朝的玄奘法师出行印度，进修大乘佛法以后，我国信众便渐渐接受了大乘佛教。

佛教由印度传入中国后，与华夏本土文化精神相结合而形成独有中国特色的禅文化。禅宗作为佛教的八大宗派之一，在慧能推波助澜下不断发展，最终形成了五宗七派的局势。禅宗吸收了老庄道家哲学的道法自然，心斋坐忘，清静无为等思想，别具一格，并主张“不立文字，教外别传，直指人心，见性成佛”。

古之士人将禅文化作为精神寄托。禅的修行方式为禅定和顿悟，如同“拈花微笑”“冷暖自知”，体现一种直觉顿悟、心领神会的境界。禅宗影响了诸多的艺术形式，如绘画、书法、建筑、雕塑等。

园林禅境的营造方式

园林营造中对“禅意”的追求，自然体现在仿若天成的中国古典园林中。中国古典园林的意境生成主要由造园要素和景物空间组成，在追求诗情画意的意境方面，又和中国文学绘画紧密相关，故而禅境的营造必然要充分运用文学绘画艺术。通过对文化和艺术领域的探究，可见中国古典园林的美正是对“禅意”的最好写照。概而言之，园林中的禅意主要体现为“含蓄”与“写意”。

陈从周曾讲过：“中国园林妙在含蓄，一山一石耐人寻味。”① 中国园林的内涵主要体现在含蓄，这就是运用“写意”的手法去传达中国古典园林中的含蓄美，并将含蓄的机锋浸透到园林艺术创作的各个方面。中国古典园林“禅境”的营造，正是由于在造园中运用了“写意”手法。“写意”的艺术创作倾向，贵在强调内在精神实质的艺术表达，要求在形象之中有所蕴涵和寄寓，让艺术中的物象具有表意功能或成为表意的手段。

正如《园冶》所云：“或有嘉树，稍点玲珑石块；不然，墙中嵌理壁岩，或顶植卉木垂萝，似有深境也。”②

当观赏者处于运用“写意”手法塑造的园林中，感受到的就不只是眼前的直观景象，而是能体会到一种超然物外的淡泊之境。青原惟信禅师有一段著名公案：“未参禅时，见山是山，见水是水；及至后来亲见知识……见山不是山，见水不是水；而今得个体歇处，仍然见山只是山，见水只是水。”③ 此种淡中见色、平中见奇的机锋在经典的江南园林中随处可见。

禅境营造的艺术手法

禅境使得中国古典园林有了更加丰富的空间意蕴与审美效果。禅宗的见性成佛在一定程度上满足了文人士大夫们的精神追求，也提升了他们的生活意趣和人生态度。以文人为主体的造园者在叠石造山的过程中，将禅

---

① 陈从周：《说园》，上海：同济大学出版社，2009 年，第 3 页。

② （明）计成：《园冶》卷三“掇山”，重庆：重庆出版社，2017 年。

③ （宋）普济：《五灯会元》卷十七，北京：中华书局，1984 年。

宗思想淋漓尽致地运用在园林设计中。园林不仅契合士人寄情山水、隐居山林的生活态度，又能不脱离尘世，以园林为雅集空间，进行社会交际活动。此体现了士人“治生”不忘“治学”、“谋食”不忘“谋道”的生活方式和人生哲学，融会了“出世”与“入世”、“独善其身”与“兼济天下”的人生选择。文人士大夫的审美倾向深受禅宗思想的影响，禅宗思想的审美倾向则会通过造园师与园主进行展现。中国古典园林的重要造园理论便是深受禅宗思想浸透的写意山水画。

营造空间，恍若天成

中国古典园林主要以园空间营造烘托一种空灵的禅意。正如王维的诗境：“曲径通幽处，禅房花木深……万籁此都寂，但余钟磬音。”禅宗所推崇的“空”需在自然中静心领悟，这深深影响了文人士大夫这一批造园者。这些充满“禅意”的园林寄托了文人士大夫的精神理想。造园者为了在园林中体现自己的精神世界，首先要寄情于景，要求园林中的景物恍若天成，景观设计“虽由人作，宛自天开”，要借园林之景以抒怀，讲究虚与实、动与静的结合，在有限的空间中营造出一种无限的空灵飘逸的艺术境界。

周维权曾言：“中国古典园林绝非一般地利用或者简单地模仿这些构景要素的原始状态，而是有意识地加以改造、调整、加工、剪裁，从而表现一个精炼概括的自然、典型化的自然。”①

此正如因韩愈的一篇文章而闻名天下的“小盘谷”。韩愈文曰：

> 穷居而野处，升高而望远，坐茂树以终日，濯清泉以自洁。采于山，美可茹；钓于水，鲜可食。起居无时，惟适之安。与其有誉于前，孰若无毁于其后；与其有乐于身，孰若无忧于其心。车服不维，刀锯不加，理乱不知，黜陟不闻。大丈夫不遇于时者之所为也，我则行之②。

① 周维权：《中国古典园林史》，北京：商务印书馆，1994年，第73-75页。

② （唐）韩愈：《送李愿归盘谷序》。

韩愈表达的是其对朋友李愿逃禅盘谷的向往。“盘谷”一词便具隐逸意味。“盘谷”作为此处景点的名称，融汇了隐逸的思想与“禅意”的园林艺术营造法则，体现了禅宗物我交融的境界。

以小见大　咫尺山林

中国古典园林多以有限的自然空间去表现无限的精神空间。在禅宗思想中，本心或佛法幻化为世间万物，即“青青翠竹，皆是法身，郁郁黄花，无非般若”①。禅宗思想的感悟，体现为中国古典园林以小见大的境界空间，以极有限的园林景观去展示无限的精神世界，展示了文人士大夫们寄情山水的无限心灵感受，以咫尺山林展示了无穷的审美意趣。

“芥子是心，须弥是万卷。纳之于心，何所不可。”② 在这种思想的影响下，文人士大夫造园多利用以小见大的手法，咫尺山林，在有限的空间里用土石营造出“咫尺之内，而瞻万里之遥；方寸之中，乃辩千寻之峻”的超凡境界。

“小”与“大”、“有限”与“无限”的化合表明禅宗思想对园林空间营造法则的影响之深。如白居易曾建庐山草堂，史载“三间两柱，二室四牖”，在这么小的环境内，白居易仍然做到“仰观山，俯听泉，旁睨竹树云石，自辰及酉，应接不暇。俄而物诱气随，外适内和。一宿体宁，再宿心恬，三宿后颓然嗒然，不知其然而然”③。在草堂之中，白居易不再局限于庭院的有限，而游目骋怀于草堂周围自然环境，达到物我交融、梵我合一的真如境界，体味到怡然自得、恬静无虑的禅意。读此文，便可体味“一花一世界，一叶一菩提”的玄妙，领悟终极关怀的永恒意境。这种以小见大的营造法则使得园林布局越简洁，“蕴含意境”便越丰富，供人玩赏的空间就广阔。

季羡林在《禅与中国园林》一书的序言中曾引钱锺书之语：“夫‘悟’而曰‘妙’，未必一蹴即至也；乃博采而有所通，力索而有所入也……”

① 《大珠禅师语录》卷下《诸方门人参问》，《中国佛教思想资料选编》卷二，北京：中华书局，1991年，第214页。

② 《维摩经·不可思议品》，北京：中华书局，第2000年，第24页。

③ （唐）白居易：《庐山草堂记》，四库全书本。

又云："人性中皆有悟，必功夫不断，悟头始出。如石中皆有火，必敲击不已，火光始现。然得火不难，得火之后，须承之以艾，继之以油，然后火可不灭。故悟必继之以躬行力学。"① 以此阐述禅与中国古典文化的关系。"禅"与"悟"在宋代广泛流行，士大夫谈禅成风，以禅喻诗成为风靡一时的时尚。其结果是将参禅与艺术在心理状态上联系了起来。参禅须悟禅境，学诗须悟诗境，正是基于"悟"，论者在禅与艺术之间发现了它们的共同点②。

曲径通幽　蜿蜒曲折

清代钱泳在《履园丛话》中指出："造园如作诗文，必使曲折有法，前后呼应。"③"曲"体现于园林的布局上，表现为建筑空间和园林空间的流动渗透、交相辉映、起承转合，使得整个园林如同一部时而委婉动人、浅斟低唱，时而抑扬顿挫、引吭高歌的乐章。所谓"曲折"有以下三种形式，即曲、折、弧（见图9-1）。中国古典园林中崇尚自然，追求"曲径通幽"的空间意境。

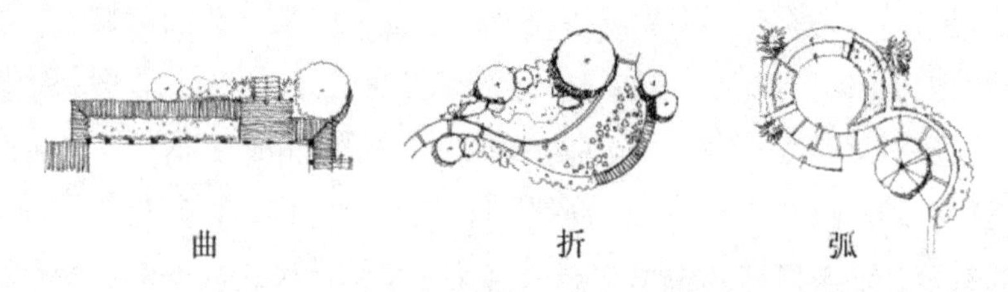

图9-1　园林布局上的曲、折、弧

"曲径通幽"之所以能给审美主体"玩味不尽"之感，是因为它延长

---

① 任晓红、喻天舒：《禅与中国文化》总序，北京：中国言实出版社，2006年。

② 吕澂在《中国佛学源流略讲》中，以及镰田茂雄在《简明中国佛教史》中，都提到了禅宗的首领百丈怀海面对后来禅宗张狂无束、偏离佛学正道的现象，重新强化禅宗之内佛教戒律的事情。按照佛教理论，佛教的戒律不只是对和尚外在强加的一种约束，它也是和尚修行达到一定境界之后，发自内心的与这些戒律相符合的一种表现。从这一点来讲，包括禅宗在内，任何佛教思想的发展，始终有着一些作为佛教思想底线的约束。这些约束除了佛教戒律之外，还有佛教的宗教仪式等。作为思想解放的禅宗，也不能脱离这些佛教基本约束的影响而独立存在。许多学者在研究禅学思想时，将禅学思想思辨化、智性化。主要原因之一就是对禅学思想与戒律、仪式之间的一体性关系有所忽视，将禅宗戒律与宗教仪式剥离之后对禅学思想孤立地进行研究的结果。

③（清）钱泳：《履园丛话》，北京：中华书局，1979年。

了路径，迂回地扩展和丰富了园林的有限空间，使审美主体能多视角、多方位地观赏景观之美。“曲径”这种空间导向性的审美功能，最终目的是使审美主体领悟到“幽”与“深”的审美境界，即所谓“曲径”方可“通幽”。如留园（见图9-2、图9-3）在园林的入口处采取一收一放、先抑后扬的处理手法，使有限空间有了明暗、大小的变化，有限中见出无限的韵味。

图9-2　留园内部的入口之一①

图9-3　留园内部②

相映成趣　借景生情

禅宗园林的意境营造手法多样，其中借景是重要手法之一，凡是园林周边之景，皆可借用。借景将园外的景观与园内的景观有机地结合起来，即使是咫尺的山之一角，仰借上天空的景，也仿佛是大自然的一个微小缩影，往往能产生一种威武雄壮、庄严厚重之感，让人油然而生崇敬之感。这一角的借景目的就是塑造一种不拘泥于客观事物的脱俗的禅意园林意境。借景多展示了园林设计的巧妙之处，不仅丰富了园林的人文精神和历史文化底蕴，更重要的是极大地拓展了园林的时空概念。

园林造景手法还有一个重要的法则是障景（见图9-4）。障景本来是指

① 童寯：《江南园林志》（第二版）典藏版，北京：中国工业出版社，1963年，第226页。
② 童寯：《江南园林志》（第二版）典藏版，北京：中国工业出版社，1963年，第159页。

图 9-4　障景的运用：嘉兴杉青闸①

通过一个景物去遮挡另一个景物来达到互衬的效果，但在园林中，障景营造的却是一种“犹抱琵琶半遮面”的含蓄美效果。园林造景手法多讲究欲扬先抑：进入园林后，处于较小的一个园林空间中，眼前的园林景色被障景所限制，不能窥其全景，勾起观者想要一探究竟的心理。游园者通过园林中的曲折小道，弯弯绕绕路过障景，颇有一种“山重水复疑无路，柳暗花明又一村”的绝妙艺术体验。园林的障景手法应用非常频繁，尤其诸多的寺庙园林前都会通过茂密的树木和层层叠叠的多种植物营造出一种幽深之境，恰似“深山藏古寺”，远处的寺庙被近处的景观所遮挡，进入后则豁然开朗，这种造园手法大大丰富了园林的空间层次。

① 障景使园林增添“藏”的韵味，也是造成抑扬掩映效果的重要手段。童寯：《江南园林志》（第二版）典藏版，北京：中国工业出版社，1963 年，第 222 页。

欧洲造园史中的“中国风”

园林是中国传统文化中的一种艺术门类。通过对一定区域的地势形态加以筑山、叠石、理水等途径，从而造就符合人类审美理念，并有实际休憩用途的人造环境，即被称作园林。正如“梁园日暮乱飞鸦”“小园香径独徘徊”“春雨和风细细来，园林取次发枯荄”“原庙寒泉里，园林秋草旁”等诗句所描绘，园林无一不体现古代文人雅士精神上的栖居理想。园林在中西方均有着辉煌的历史，本文所论述的则为英国历史上的“中国式园林运动”。近百年以来，西学东渐在中国的文化艺术上留下不可磨灭的印迹，不过在此之前，西方同样也出现过“中国风”，中国的园林艺术也对西方产生过重要影响。18 世纪法国宫廷画家布歇便画过《有中国人物的风景》，画面中想象性地描绘了中国的园林场景（见图10-1）。此后，中国式的园林在英国更是产生了深远影响。英国画家康斯坦布尔便画了一系列园林题材的绘画。尽管这些带有中国园林元素的绘画作品与我们见到的中国

图 10-1　几何式园林

古典园林相去甚远，但毕竟是他们心目中的中国园林，以此可见中国园林对欧洲园林的影响。

中国园林历史悠久，起源于商周时期，那时便有作为君主个人休闲娱乐场所的苑囿。它成为一种时尚是在春秋战国时期，到了秦汉时期，中国人已经有了模仿自然、崇尚自然的倾向，开始在自家庭院里建设私人花园。魏晋南北朝时期，私家花园已然成为思想的抒发地。唐宋时期的园林文化建设结合以往的实践，在花园的布局与场景建设上更为成熟。中国文人擅长将充满诗意的情思加之在外部物体，认为每个物体都附加了自己的“心印”，即托物言志、融情于景，而园林则为人文风景的理想化程式。通过中国古典元素殿堂、厅馆、轩榭、楼阁等相互组合，再结合与之协调一致的山水树木，园林承载着国人心目中人与自然和谐统一的完美境界。这种崇尚自然、追求自由的理念与当时完全尊崇“完整、和谐、鲜明”的理性思想的西方园林可谓大相径庭。

欧洲造园艺术的辉煌主要表现为三个时期：起于16世纪中叶往后100年间的意大利园林；起于17世纪中叶往后100年间的法国园林；起于18世纪中叶的英国园林。英国造园艺术兴起虽晚，却后来居上，影响深远。

自公元前1世纪，几何式园林（见图10-2）的概念体系在英国延续了竟1800年之久，追求规整、有序、对称之美。这种式样的西方古典园林以几何图形的美学原则为基础，为“人为自然立法”的典范，意图迫使自然完全服从于人为的几何对称法则，故而园林布局对称严谨，甚至于花草都被修剪成规整的几何形来强调秩序的整齐。时至17世纪下半叶，法国古典主义造园艺术达到高峰，最具有代表性的是建于路易十四时代由首席宫廷园林建筑师安德烈·勒诺特尔设计的凡尔赛花园，其以宏伟壮丽的艺术魅力驰名于世（见图10-3）。风格独特的“法兰西式”花园与中国古典的皇家花园风格迥然不同，其采用一贯坚持的对称的几何图形法则，一度成为西方古典主义风格的园林代表。英国早期园林固然也受到了法国古典主义造园思想的影响。1640年，英国发生了资产阶级和新贵族的革命，建立专制君权，园林建设自然追随勒诺特尔的脚步。不过即便如此，英国的造园艺术家仍开始怀疑起几何比例存在的决定性作用，企图寻求园林建设的突破与创新①。

图 10-2　法国凡尔赛宫苑

图 10-3　英国邱园中的中国塔

① 唐纳德·雷诺兹、罗斯玛丽·兰伯特、苏珊·伍德福特：《剑桥艺术史》3，钱乘旦、罗通秀译，北京：中国青年出版社，1994 年，第 76 页。

正在这时，极具中国风格的中国式古典园林风开始漫延到欧洲，这便是当时兴起的“中国式园林运动”。在此园林运动中，威廉·肯特起到了重要作用。作为英国新时代园林的开创者，一位自然至上的唯美主义者，他认为自然很厌恶直线。中国园林则恰恰打破了这种规整，打破直线的局限，形成特有的不规则范式，此应和了该时期英国的浪漫主义思潮的兴起，因此造园艺术开始追求中国园林中的自然法则，使得中国园林风格一度风靡英国。英国人坦普尔在《论伊壁鸠鲁的花园或论造园艺术》中指出，中国的花园恰似大自然的一个单元，有着隐而不显得均衡法则，认为中国园林将大自然的创造力发挥到了极致。于1742年至1744年到过广州的英国皇家建筑师钱伯斯，其著作《东方造园论》在英国乃至欧洲引起极大反响，对中国园林艺术走向欧洲的进程做出了极大的贡献。他认为中国的造园艺术家如同欧洲的画家一样，善于从自然的风景中收集了最好的东西。他担任了邱园的建筑官员，建造了许多中国式建筑（见图10-4）。他试着将中式

图10-4　弗朗索瓦·布歇《有中国人物的风景》　1742年　画布油彩　长82厘米　宽66厘米　巴黎马蒙达博物馆藏

拱桥、宝塔、亭阁、石狮等元素放置于园中，形成中英折衷式庭园，影响大批英国先进人士，开始不断有人关注中国园林。因此，“英中式园林”这一名词在英国乃至欧洲的影响达到了顶峰①。

在“英中式园林”的影响下，全英国开始改变造园风貌，舍弃了一贯运用的几何式造园格局。通常园林中笔直的林荫道、图案式植坛、平台和池塘不见了，花园被改造成天然牧场，并大面积选用自然特性的草地，辅之以自然形态的老树，增添了蜿蜒曲折的小河、池塘，整个园林极富自然的自由气息。代表性的“英中式园林”有霍华德庄园、布伦海姆宫苑、斯陀园，都被当时的英国人当作中国式的风景园林的典型。到了18世纪下半叶，浪漫主义思潮的弥漫，使得英国造园家觉得这种自然风致园林过于平淡，想要追求更深层次、更浓郁的诗情画意，故而原来的天然牧场上又开始进一步完善，进而发展成为画意式园林，此正是英国人学习中国古代文人特有的触景生情式的田园意境理念的体现。富有浪漫气质的是，有些园林特意保存或制造例如废墟、荒坟、残垒等景致，来营造强烈的伤感气氛和时光流逝的悲剧性，以达到某些庄园主心目中追求更高层次、更形象的超自然风格。随着欧洲资本主义的发展及英国海外贸易的日益拓展，英国大量引进世界各国的花卉、树木用于庄园的建造，各以植物种类之繁多为炫耀的资本。因其商业性逐渐成为19世纪的主流，英国人还将中国特有的元素如栏杆、柱廊、塔楼、轩榭等运用到私家园林的建造中。此类重新加以改变组合的中国元素与英国自然风景的合而为一，为英国的造园运动注入了异样而新鲜的血液。

然而，缘于西方人对于东方文化的极端追求，以及其他艺术形式总被混杂地交织一体，中国式园林建筑在西方开始逐渐走向衰退，人们的热情渐淡，现如今的英国式建筑风格，却依然追求古朴的自然风创作，依然维持着自然风致的风格风貌，人们大致的审美趣味并未改变，一时兴起的复古几何式园林风潮，终究抵不过自然风景园带给英国的独特面貌，对于中

① 威廉·钱伯斯：《东方造园论》，台北：联经出版事业股份有限公司，2012年。

国元素合理利用，形成了英国现有的富有自己风格形式的园林特色，在世界都有着一定的影响。

英国园林与中国园林都以大自然为创作本源。在笔者看来，英中式园林风格与中国园林风格两者的造园理念和创作手法有着较为明显的区别。中国古典园林受中国独特文化、艺术、宗教及审美观念的影响形成其独特风格，本意在纳自然万物于咫尺之中，写意自然，更富想象力，在中国私家园林中大量使用巨石大树，大大削弱抽象写意的原旨。现代园林吸收和继承古典园林成就，更注重开放自由，在艺术手法上大大创新。偏重于整体构图，分区设景，模糊界线。英国自然风景式园林的形成虽确实受到过中国园林的影响，但是最主要的还是因为英国本身的自然地理和气候条件，以及当时代政治经济文化、艺术审美。中国园林体现出诗情画意的境界，源于自然却高于自然，而英国园林则是模仿自然，再现自然（见图 10-5、图 10-6、图 10-7）。

图 10-5　康斯泰布尔《从主教花园看见的索尔兹伯里大教堂》　1823 年　画布油彩　长 87. 6 厘米　宽 111. 8 厘米　伦敦维多利亚和阿尔伯特美术馆藏

图 10-6　康斯泰布尔《威文侯公园》　1816—1817 年　画布油彩　高 56. 1 厘米　长 101. 2 厘米　华盛顿国家美术馆藏

图 10-7　康斯泰布尔《马尔文庄园》　1809 年　画布油彩　高 51. 4 厘米　长 76. 2 厘米　伦敦泰特美术馆藏

总而言之，英国园林更钟情于纯自然之美，而以理性、客观的写实，侧重于再现大自然风景的实感，采用的创作方式是根据实地大小把大自然的构景要素经过特殊的艺术手法进行组合排列，呈现于人们眼前，其审美情感蕴含于被再现的景观中。它的造园理念来源于以培根和洛克为代表的“经验论”，强调保持大自然的本身形态。虽说园林空间布局更加整体与大气，但是却过于追求景观的天然，往往源于自然却未必高于自然。其人工痕迹又过于明显，使得园林空间不免突显空洞单调（见图10-8、图10-9）。

图10-8　康斯泰布尔《干草车》　1821年　画布油彩　高130.5厘米　长185.5厘米　伦敦国家美术馆藏

在儒家思想的影响下，中国园林拒绝功利，越来越趋向纯精神功能；而英国人则将精神愉悦与实用性相结合，趋向大众化，更具开放性与广泛性。虽说英国园林的发展过程受到中国传统园林风格的影响，不仅在其自身的发展中产生了值得学习的优点，也对现代园林的风格研究起到借鉴作用，不可否认中国传统园林有其独特的文化魅力，同时也在时代的发展中体现出它的不足之处。作为对西方有着强烈影响的文化瑰宝，现代园林的创作发展成为刻不容缓的问题。我们应该清楚认识到，传统园林的产生背景，以及设计目的和思想意蕴都与现代的园林创作不相吻合，切不可照搬

图 10-9 康斯泰布尔《白马》 1819 年 画布油彩 高 131.4 厘米 长 188.3 厘米 纽约弗里克藏

套用，一味运用所谓的复古模式非但无意义，也会抑制我国的园林发展，我们不妨从中英式的园林比较中找寻当代园林设计的新路径。我们不仅需要在自身的科技上开拓创新，也要学习英国的开放式园林形式，加强城市建设规划布局的发展步伐，在继承中国古典园林的师法自然同时，运用现代科技手段来进行生态文明的景观设计。

通过欧洲“中国风”园林的流行，不难看出英国的中国式园林设计，既赋予了中国传统文化的韵味及追求真实自然的模式，又开放自然，释放天性，使得整个格局一览无遗，其开放性、功能性和大众性值得我们借鉴学习。我们可以在保留民族特色的同时融汇西方的设计成果，营造出既秉承传统理念又不失现代气息的新型园林。

参考文献

（南朝·宋）范晔：《后汉书》，北京：中华书局，1965 年。

（晋）陈寿：《三国志》，北京：中华书局，2005 年。

（唐）《大珠禅师语录》卷下《诸方门人参问》，《中国佛教思想资料选编》卷二，北京：中华书局，1991 年。

（明）钱穀：《吴都文粹续集卷》，《文渊阁四库全书》。

（明）计成著，陈植注：《园冶》，重庆：重庆出版社，2009 年。

（明）计成：《园冶》，北京：中华书局，2007 年。

（明）吴宽：《先考封儒林郎翰林院修撰府君墓志》，《匏翁家藏集》卷六一，上海：上海书店，1989 年。

（明）王鏊：《石田先生墓志铭》，《震泽集》卷二十九。

（明）王廷陈：《梦泽集》卷十五《善居》，《文渊阁四库全书》本。

（明）钱谦益：《牧斋有学集》，《续修四库全书》本。

（明）高濂：《遵生八笺》卷七，《文渊阁四库全书》本。

（明）文震亨：《长物志图说》，海军、田君注释，济南：山东画报出版社，2004 年。

（清）吴伟业：《梅村集·张南垣传》，《文渊阁四库全书》本。

《维摩经——不可思议品》，北京：中华书局，2000 年。

［英］柯律格：《雅债》，北京：生活·读书·新知三联书店，2014 年。

［日］铃木大拙：《禅与生活》，北京：光明日报出版社，1988 年。

［日］镰田茂雄：《简明中国佛教简史》，上海：上海译文出版社，1984 年。

［英］唐纳德·雷诺兹、罗斯玛丽·兰伯特、苏珊·伍德福特：《剑桥艺术史》（3），钱乘旦、罗通秀译，北京：中国青年出版社，1994 年。

［英］威廉·钱伯斯：《东方造园论》，台北：联经出版事业股份有限公司，2012 年。

沈祖宪、吴闿生：《容庵弟子记》，台北：台湾文海出版社，1973 年。

罗宗强：《魏晋南北朝文学思想史》，北京：中华书局，1996 年。

冷成金：《中国文学的历史与审美》，北京：中国人民大学出版社，2012 年。

林树中：《海外藏中国历代名画》，长沙：湖南美术出版社，1998 年。

赵柏田：《南华录——晚明南方士人生活史》，北京：北京大学出版社，2015 年。

俞剑华：《中国古代画论类编》，北京：人民美术出版社，1998 年。

单国强：《古书画史论集》，北京：北京紫禁城出版社，2002 年。

石守谦：《从风格到画意》，北京：生活·读书·新知三联书店，2015 年。

陈正宏：《沈周年谱》，上海：复旦大学出版社，1993 年。

巫仁恕：《品味奢华：晚明的消费社会与士大夫》，北京：中华书局，2008 年。

喻学才：《中国历代名匠志》，武汉：湖北教育出版社，2006 年。

康格温：《〈园冶〉与时尚：明代文人的园林消费与文化活动》，南宁：广西师范大学出版社，2018 年。

陈从周、蒋启霆：《园综》，上海：同济大学出版社，2011 年。

陈从周：《说园》，上海：同济大学出版社，2009 年。

衣学领主编、王稼句编注：《苏州园林历代文钞》，北京：生活·读书·新知三联书店上海分店，2008年。

樊波、朱光耀：《画中历史——中国历史画解读》，香港：生活·读书·新知三联书店（香港）有限公司，2007年。

周维权：《中国古典园林史》，北京：商务印书馆，1994年。

任晓红、喻天舒：《禅与中国园林》，北京：商务印书馆国际有限公司，1994年。

葛兆光：《中国思想史》，上海：复旦大学出版社，2003年。

陈嘉映：《海德格尔哲学概论》，北京：生活·读书·新知三联书店，1995年。

印顺：《中国禅宗史》，台北：台湾正闻出版社，1988年。

王晓俊：《西方现代园林设计》，南京：东南大学出版社，2000年。